NLP im Berufsalltag

Die besten Tools

Barbara Seidl

1. Auflage

W0054656

HAUFE.

Inhalt

Vorwort

Ob als Führungskraft, Mitarbeiter oder Selbstständiger – neben der fachlichen Kompetenz entscheidet stets die Fähigkeit, mit anderen in einen wertschätzenden und nachhaltigen Kontakt zu kommen, über den beruflichen Erfolg. Durch gelingende Kommunikation lassen sich gemeinsame und persönliche Ziele erreichen sowie Veränderungen herbeiführen, die alle Beteiligten engagiert verfolgen. Im Alltag erleben wir in der Begegnung mit anderen jedoch häufig Informationsverluste, Störungen, Missverständnisse oder gar Widerstände. NLP – das Neuro-Linguistische Programmieren – setzt genau hier an: Denn es geht davon aus, dass Kommunikation dann zu Veränderungen führt, wenn man an die Denk- und Sprachwelt seines Gegenübers andockt, versteht, wie er »tickt« und was ihm wichtig ist, und darauf flexibel eingehen kann.

In diesem TaschenGuide stelle ich Ihnen Techniken aus dem NLP vor und illustriere sie an zahlreichen Anwendungsbeispielen aus Mitarbeiterführung, Verkaufs- und Beratungsgesprächen und Selbstcoaching. Sie bekommen Werkzeuge an die Hand, mit denen Sie den Kontakt optimal gestalten, hinderliche und einschränkende Sichtweisen und Denkmodelle bei sich selbst und anderen erkennen und neu gestalten können. So sind Sie in der Lage, persönliche Ressourcen bei sich selbst und anderen zu entdecken sowie das Denken und Handeln auf Lösungen auszurichten – damit Sie und Ihre Gesprächspartner Aufgaben besser bewältigen und Ziele erreichen.

Barbara Seidl

NLP – effektive Methoden für den Beruf

Erfolgreich kommunizieren, Ressourcen nutzen, Aufgaben bewältigen, Ziele erreichen, Lösungen finden – im Beruf sind Fähigkeiten gefragt, die weit über die eigentliche Fachkompetenz hinausgehen.

In diesem Kapitel erfahren Sie,

- warum Ihnen das Neuro-Linguistische Programmieren (NLP) bei der Bewältigung beruflicher Aufgaben hilft,
- welche Grundannahmen und Haltungen dem NLP zugrundeliegen und
- welche Werkzeuge und Instrumente Ihnen das NLP zur Verfügung stellt.

Wozu NLP im Beruf?

Neuro-Linguistisches–Programmieren (NLP) beschäftigt sich mit bewussten und unbewussten Kommunikationsprozessen. Mithilfe von NLP-Werkzeugen und -Techniken können Sie

- Wahrnehmungsprozesse und deren neuronale Verarbeitung verstehen,

- auf der verbalen Ebene (gesprochene und geschriebene Sprache) und nonverbalen Ebene (Körpersprache) adäquat im Kontext kommunizieren und dadurch besser auf Ihren Gesprächspartner eingehen,

- einschränkende Sichtweisen bei sich selbst und anderen erkennen und sich selbst und andere dabei unterstützen, die Perspektive zu wechseln oder Denk- und Handlungsspielräume zu erweitern und auf diese Weise Veränderungen herbeizuführen,

- Kommunikations- und Arbeitsprozesse verbessern,

- persönliche Ziele formulieren und erreichen, indem Sie Ihre individuellen Ressourcen besser einsetzen bzw. andere dabei unterstützen.

Informationsverarbeitungsprozesse erkennen

Das N in NLP steht für Neuro, einen Begriff, der immer dann Verwendung findet, wenn es um Nerven geht, deren Schaltzentrale u. a. unser Gehirn ist. Alle Sinneswahrnehmungen haben Auswirkungen in unserem Gehirn. Wahrnehmungsprozesse sind fast immer multisensorisch, d. h., mehrere Sinneswahrnehmungen werden im Gehirn verknüpft. Und die eintreffenden Signale werden mit gespeicherten Inhalten verbunden. Neues wird mit Altem verglichen und bewertet. Diese Vorgänge haben Auswirkungen auf die wahrnehmende Person: Sie bestimmen wiederum ihre Sinneswahrnehmungen, aber auch ihre Gefühle, ihr Denken, ihr Verhalten und ihre Handlungen. Die bildgebenden Verfahren in der Hirnforschung liefern genaue Erkenntnisse darüber, welche Gehirnregionen bei der Verarbeitung von über die Sinne wahrgenommenen Informationen betroffen sind, welche Dauer, Intensität und Qualität die Reize im Gehirn haben und welche Gehirnregionen miteinander verknüpft sind. Ziel von NLP ist es, sich der individuellen Wahrnehmungs- und Verarbeitungsprozesse bewusster zu werden und dies in der Gestaltung von Kommunikation zu berücksichtigen.

Sprache bewusst wahrnehmen und einsetzen

Das L in NLP steht für linguistisch, was sprachwissenschaftlich bedeutet. Im NLP geht es um die Wahrnehmung, Verarbeitung und den Einsatz von Sprache, verbaler und nonverbaler Sprache. Derselbe gesprochene oder geschriebene Text wird von verschiedenen Menschen unterschiedlich aufgenommen, verarbeitet und bewertet. Jeder von uns filtert und verkürzt die Fülle der Informationen und gibt auch nur einen kleinen Teil seiner mentalen Prozesse in Sprache wieder. Ziel von NLP ist es, diese subjektiven Vorgänge bewusst zu machen.

Individuelle Muster erkennen und Veränderungsprozesse anregen

Das P in NLP steht für Programmieren. Programme sind im NLP individuelle Denkmodelle, Muster und Konzepte, wie ein Mensch Sinnesreize verarbeitet und sein individuelles Modell der Welt konstruiert. Programmieren bedeutet im NLP, solche Programme zu erkennen, sie zu nutzen und gegebenenfalls zu verändern. Der NLP-Begriff »Programmieren« wird manchmal missverstanden als Manipulation. Das Gegenteil ist jedoch gemeint: Persönlich hinderliche und einschränkende Sichtweisen und Denkmodelle können neu gestaltet werden – und dies führt dazu, dass

- eine Person ihre Aufgaben und Ziele besser bewältigt und ihren Fokus auf Ressourcen und Lösungen legt, und

- der Kontakt und die Beziehung zum Kommunikationspartner optimal gestaltet werden können.

Grundannahmen im NLP – so gelingt Kommunikation

1. Menschen sind einzigartig und erleben die Welt auf unterschiedliche Art und Weise

Jeder Mensch ist einmalig – in seinem Äußeren und seinem sichtbaren Verhalten, aber auch in der Art wahrzunehmen, zu denken und zu fühlen. Deshalb ist auch die Bewertung dessen, was passend oder unpassend und positiv oder negativ ist, unterschiedlich. Im NLP geht es darum, Unterschiedlichkeit zu würdigen, zu respektieren und als das wahrzunehmen, was sie ist: anders, aber nicht zwangsläufig besser oder schlechter.

2. Geist, Körper und Umwelt bilden ein System, das sich wechselseitig beeinflusst

Verändert sich die Umwelt eines Menschen, kann sich auch sein geistiger und/oder körperlicher Zustand verändern. Körperliche Veränderungen können Geist und Umwelt beeinflussen. Und geistige, mentale Veränderungen können wiederum Körper und Umwelt beeinflussen.

BEISPIEL

Ein neuer Bürostuhl verbessert die Sitzhaltung und damit auf Dauer die Rückenmuskulatur. Die Arbeit macht wieder mehr Spaß. Oder: Wenn Sie beim Telefonieren aufstehen, verändert sich Ihre Stimme, das nimmt Ihr Gesprächspartner wahr und er reagiert darauf. Oder: Wenn Sie die Eigenarten Ihres Kollegen oder Ihrer Kollegin akzeptieren, werden Sie ein gutes Gefühl entwickeln und zu ihm oder ihr freundlich sein.

3. Jedes Verhalten ist Kommunikation

Die Aussage des Kommunikationswissenschaftlers Paul Watzlawick »Man kann nicht *nicht* kommunizieren«, gilt für gesprochene Sprache und Körpersprache wie Körperhaltungen oder sichtbare Bewegungen, aber auch für augenscheinliches

Nicht-Verhalten wie Schweigen oder Starre. Dieses Verhalten eines anderen ist wahrnehmbar und beschreibbar. Es gibt uns Hinweise auf seine innerlich ablaufenden Verarbeitungsprozesse, Fähigkeiten und Werte, die wir nicht wahrnehmen.

4. Bedeutung ergibt sich aus der Reaktion des anderen

Ob eine Kommunikation gelingt, muss danach beurteilt werden, wie eine Botschaft beim Empfänger ankommt, und nicht danach, was der Sender sagen wollte oder meinte. Die beiden Aussagen »Das hast du falsch verstanden« und »Ich habe mich ungenau ausgedrückt«, spiegeln die beiden gegensätzlichen Pole wider. Reagiert der Empfänger auf eine Weise, wie der Sender es nicht beabsichtigt hatte, bringt es wenig, dem Empfänger die Schuld daran zu geben. Der Sender kann seine Formulierungen überprüfen und so verändern, dass sie die gewünschte Aktion oder Reaktion hervorrufen.

5. Menschen orientieren sich an geistigen Landkarten

Die Landkarte eines Gebietes ist nicht die Landschaft selbst, so wie auch die Speisekarte nicht das Essen und die Partitur nicht die Musik ist. Dies alles sind vereinfachende Modelle der Wirklichkeit, die wir benutzen, um uns darin zurechtzufinden. Es gibt auch mentale Landkarten: Jeder Mensch, so die Grundannahme des NLP, orientiert sein Denken und Handeln – bewusst oder unbewusst – an seinem Modell der Wirklichkeit, an seiner geistigen Landkarte. Diese besteht aus Einschätzungen und Bewertungen von Wirklichkeit. Sie basiert beispielsweise auf Wahrnehmungspräferenzen, d.h. auf der unterschiedlichen Aufnahme und Verarbeitung von Sinnesreizen. Von außen können wir eine solche Landkarte an der verbalen und nonverbalen Sprache des anderen erkennen. Unterschiedliche Landkarten können der Grund für Missverständnisse und Konflikte zwischen Menschen sein. Daher ist die Grundlage für erfolgreiche Kommunikation das Kennenlernen der eigenen und der Landkarte des Gesprächspartners. Mentale Landkarten können auch verändert oder variiert werden.

BEISPIEL

> Herr Keller hat deutliches Übergewicht. Schon als Kind haben ihn seine Eltern mit Süßigkeiten getröstet. Immer wenn er unter Druck gerät, greift er zur Schokolade – seine geistige Landkarte zeigt diesen Weg aus Stresssituationen. Gelingt es ihm, seine Landkarte so zu verändern, dass sie andere Wege zeigt, kann er sich viele Kalorien sparen.

6. Es ist besser, Wahlmöglichkeiten zu haben, als keine zu haben

Wann ist etwas eine wirkliche Wahl? Wer nur eine einzige Möglichkeit hat, kann nicht wählen. Zwei Möglichkeiten ergeben ein Dilemma: entweder/oder – die Entscheidung für etwas und gegen etwas. Erst ab drei Möglichkeiten besteht eine echte

Wahlfreiheit. Menschen treffen meist nicht die falsche Wahl, sondern ihnen stehen nicht genügend Varianten zur Verfügung. Mit NLP-Methoden können wir uns und anderen neue Spielräume und Alternativen schaffen.

7. Menschen treffen die beste Wahl aus dem, was ihnen momentan zur Verfügung steht

Jeder Mensch sucht in jedem Augenblick seines Lebens den für ihn optimalen Weg und Nutzen. Niemand macht absichtlich etwas falsch oder schlechter als er kann. Menschen treffen stets die beste Wahl aus dem, was ihnen an Optionen momentan zur Verfügung steht. Sie funktionieren in ihrem »Modell der Welt« bestens.

8. Jedes Verhalten ergibt Sinn

Möglicherweise erkennt ein Beobachter von außen nicht den Sinn des Verhaltens einer anderen Person. In der individuellen Welt – der Landkarte – des Handelnden ist das Verhalten jedoch stets richtig und sinnvoll.

9. Jedem Verhalten liegt eine positive Absicht zugrunde

Wie kann ein Verhalten positiv bewertet werden, wenn es mir selbst oder anderen Menschen schadet? Diese Grundannahme trennt das von außen erkennbare Verhalten einer Person von ihrer – häufig unbewussten – positiven Absicht.

BEISPIEL ▬▬▬▬▬▬▬▬▬▬▬▬▬▬▬▬▬▬▬▬▬▬▬▬▬▬▬

> Freitag, 15 Uhr: Richard sichert seine Daten und räumt schnell seinen Schreibtisch auf. Das Klingeln des Telefons ignoriert er, obwohl er weiß, dass eine Kollegin ihn anruft, die Probleme bei der Fertigstellung eines Angebots hat, weil er wichtige Zuarbeiten versäumt hat. Er hat noch einen beruflichen Termin und verschwindet still und heimlich, ohne sich bei der Kollegin zu verabschieden (was er sonst immer tut). Unfreundlich, unkollegial und egoistisch – von außen betrachtet kann man das so sehen. Doch was ist die positive Absicht von Richard (vor dem Hintergrund seiner Landkarte)? Er will pünktlich zum Termin kommen und zugleich Kritik und Konflikte mit seiner Kollegin vermeiden.

Es gilt, die positive Absicht hinter einem Verhalten zu erkennen. Dadurch eröffnen sich Möglichkeiten, wie wir die andere Person erreichen können. Aus einem augenscheinlich negativen oder zerstörerischen Verhalten lassen sich dann leichter Veränderungen herbeiführen.

10. Jedes Verhalten ist in einem bestimmten Kontext nützlich

Ein bestimmtes Verhalten ist nicht immer in allen Kontexten gleich nützlich und passend. Ziel ist es, für einen Kontext das passende Verhalten zu finden, etwa im beruflichen Bereich als Kollege, als Mitarbeiter oder als Vorgesetzter oder im privaten Bereich in der Familie, im Sportverein oder mit Freunden.

BEISPIEL

In einer Gefahrensituation sehr laut, mit kurzen Sätzen und ohne Umschreibung Anweisungen zu geben, ist sehr nützlich. Im Gespräch mit dem neuen Mitarbeiter wäre das jedoch unpassend.

11. Menschen besitzen alle Ressourcen, die sie für Veränderungen brauchen

Kern dieser Annahme ist, dass Menschen eine Vielzahl an Fähigkeiten und Ressourcen zur Verfügung haben, diese aber nicht immer erkennen bzw. nicht immer voll ausschöpfen. Menschen, die lernen und Handlungsoptionen ausprobieren, verändern sich, wachsen und nutzen ihre Potenziale.

12. Alles, was der Mensch kann, ist erlernbar

NLP geht davon aus, dass alles, was ein Mensch jemals gelernt hat und sehr gut beherrscht, auch von anderen Menschen erlernt werden kann. Der Mensch gilt als Modell: Wir können uns Verhalten abschauen und unsere eigenen mentalen Landkarten modellieren.

13. Es gibt kein Versagen, nur Feedback

Ein Fehler ist eine Rückmeldung: Er ist die Abweichung vom gewünschten Ziel. Wenn Menschen ihn als Chance begreifen, verändert sich ihre Perspektive. Aus diesem Blickwinkel sind

Fehler die Grundlage für Lösungen, denn sie zeigen die Möglichkeit von Nachbesserungen und den Weg zum Ziel auf.

14. Wenn das, was du tust, nicht funktioniert, tue etwas anderes

Vielleicht kennen Sie das: Etwas funktioniert nicht und Sie erhöhen deshalb Ihre Anstrengungen. Es klappt noch immer nicht und Sie sagen sich: »Ich muss mich noch mehr anstrengen«. Aber alles wird nur noch schwieriger. Dieses bereits von Paul Watzlawick kritisierte Prinzip »mehr desselben« ist das Festhalten an einem Verhalten, das vielleicht früher richtig war. Oder wir übersehen andere Lösungsmöglichkeiten. Flexibilität – also etwas ganz anderes tun – bringt häufig die Lösung. Diese Sichtweise führt heraus aus dem Schuldprinzip: Nicht der andere ist schuld an meiner Situation. Ich erwarte nicht, dass sich meine Umwelt ändert, damit etwas gelingt. Ich übernehme selbst die Verantwortung und verändere mein Verhalten.

15. Das flexibelste Element in einem System kontrolliert das System

Diejenige Person, die die höchste Flexibilität – d. h. die meisten Wahlmöglichkeiten besitzt und neue bzw. andere Verhaltensweisen einsetzt – ist am ehesten in der Lage, neue Impulse zu setzen und eine schwierige Situation zu überwinden.

Pacing und Leading – Rapport herstellen

Kommunikation gelingt meistens dann, wenn sich die Gesprächspartner verstanden und angenommen fühlen. Dazu gehört die Bereitschaft, Unterschiede zu akzeptieren und als gleichwertig anzuerkennen. Im NLP bezeichnet »Rapport« den respektvollen Umgang mit dem Gesprächspartner, die gemeinsame Basis von zwei unterschiedlichen Welten. Jeder Teilnehmer ist dafür verantwortlich, egal ob er Zuhörer, Interpret oder Gestalter ist. Rapport ist die Grundlage, um

- tragfähige Beziehungen aufzubauen,
- persönliche Akzeptanz herzustellen, auch in asymmetrischen Situationen (z. B. Angeklagter – Richter, Schüler – Lehrer, Vorgesetzter – Mitarbeiter),
- Veränderungen herbeizuführen, z. B. bei Beratung, Verkauf oder Entscheidungsprozessen,
- Störungen zu überwinden.

> Wer Rapport herstellt, findet das Gemeinsame. Das ist es, was uns mit unserem Gegenüber verbindet und Vertrauen schafft. Rapport ist die Grundvoraussetzung dafür, dass Kommunikation gelingt.

Pacing – aktiv Rapport aufbauen

Das englische Wort »Pace« heißt übersetzt »Schritt, Gangart«. Pacing beschreibt im NLP den Vorgang, sich im übertragenen Sinne auf die Gangart, den Schritt des Kommunikationspartners einzustellen, seine Signale aufzunehmen und zurückzugeben. Dieser Vorgang kann auch mit »Spiegeln« umschrieben werden. Dadurch, dass sich eine Person auf einer oder mehreren Ebenen an das Verhalten ihres Gegenübers angleicht, baut sie Vertrauen auf.

BEISPIEL

> Wenn zwei Menschen verliebt sind, kann man bei ihnen sehr häufig eine ähnliche Körpersprache beobachten. Aber auch bei einem gemeinsamen Spaziergang gleichen sich die Schrittlängen der Beteiligten an, und wer mit einem kleinen Kind spricht, beugt sich ganz automatisch hinunter. Gleiches geschieht auf der verbalen Kommunikationsebene: Wenn Experten mit Laien über ihre Fachgebiete sprechen, benutzen sie vermutlich wenige Fremd- und Fachwörter. Damit sie verstanden werden, bewegen sie sich in der sprachlichen Welt ihrer Gesprächspartner, suchen die Begriffe, die beide verstehen.

Pacing findet auf allen Kanälen statt, auf denen Menschen Signale aussenden – und all diese Kanäle können Sie bewusst nutzen, um Rapport aufzubauen:

- Körperhaltung (z.B. ähnliche Kopfhaltung oder Beinstellung einnehmen),
- Gestik (die Sprache der Hände angleichen),

- Bewegungen (Richtung und Geschwindigkeit übernehmen),

- Sprechweise (Stimmlage, Betonung, Lautstärke und Sprechgeschwindigkeit anpassen),

- sprachlicher Ausdruck (ähnliche Satzlänge, Wortwahl, Sprachmuster und Sprachniveau wählen),

- die sinnesspezifischen Verarbeitungspräferenzen (z.B. den Gesprächspartner auf seiner bevorzugten sprachlichen Ebene ansprechen),

- Gemeinsamkeiten (z.B. Hobby, Interessen, Werte) herausstellen.

BEISPIEL

Als Personalleiterin ist Christine Bauer die richtige Auswahl junger Nachwuchskräfte besonders wichtig. Die Vorstellungsgespräche mit den jungen Stellenbewerbern sind manchmal schwierig, wenn diese schüchtern, ängstlich oder angespannt in ihrem Büro sitzen. Für eine realistische Beurteilung wünscht sich Frau Bauer eine angenehme und lockere Atmosphäre. Im ersten Schritt baut sie über Pacing ein Vertrauensverhältnis auf: Sie nimmt zu Gesprächsbeginn eine ähnliche Körper- und Sitzhaltung wie die Bewerber ein und achtet darauf, sich der Stimme des Gegenübers anzupassen – meist sprechen diese etwas leiser und langsamer. Frau Bauer fühlt sich durch Spiegeln in die Sprache und Körpersprache des Bewerbers ein.

> Gerade bei Anfängern besteht die Gefahr, dass aus Pacing ein Nachahmen oder gar Nachäffen des Kommunikationspartners wird. Das schafft eher wenig Vertrauen. Deshalb ist es wichtig, das richtige Maß zu finden und auf mehreren Ebenen wohldosiert und respektvoll zu spiegeln.

Leading – den anderen mitnehmen

Der Begriff »Leading« steht dafür, Menschen zu führen, Richtungen zu ändern, sich dem Gegenüber anzuvertrauen. Laut NLP ist dafür Pacing die Bedingung. Der Führende kann schnell und einfach überprüfen, ob ausreichend Rapport zum Gegenüber herrscht: Das Gespräch und der Kontakt bestehen bereits einige Zeit und der Führende spiegelt auf verbaler und nonverbaler Ebene. Nun geht er zum Leading über: Er verändert seine Körperhaltung, Sprechgeschwindigkeit oder Stimmhöhe. Geht der Gesprächspartner mit und gleicht sich dem Verhalten an, ist der Rapport erfolgreich und es besteht eine gute Basis für die weitere Kommunikation. Damit bietet Leading die Möglichkeit, andere, neue Wege zu beschreiten: Eine Veränderung im Verhalten des Führenden kann die Stimmung oder Atmosphäre verbessern sowie alternative Sichtweisen oder gar Ziele schaffen. Leading wird dann erfolgreich sein, wenn

- eine gemeinsame Kommunikationsbasis und Vertrauen existieren,

- gegenseitiger Respekt und Achtung gegenüber der Welt und den Werten des anderen bestehen,

- die Gesprächspartner auf verbaler und nonverbaler Ebene Veränderungen beim jeweils anderen wahrnehmen und sensibel und wertschätzend reagieren.

BEISPIEL

Der Personalleiterin Christine Bauer ist es durch Pacing gelungen, einen guten Kontakt zum Bewerber aufzubauen und sein Vertrauen zu gewinnen. Nun möchte sie seine Anspannung lockern und geht zum Leading über. Allmählich löst sie verkrampfte Sitz- und Körperhaltungen. Ihre Stimme wird fester und etwas lauter. Der Bewerber folgt ihr darin. Nach und nach führt ihn Frau Bauer in einen entspannteren und natürlichen Zustand. Der Bewerber geht mit ihr mit und das Gespräch findet in der gewünschten Atmosphäre statt.

Die richtigen Fragen stellen

Mit den präzisen Fragen, die im NLP zum Einsatz kommen, ermitteln Sie wichtige Details und erhellen Zusammenhänge. Das Ziel ist es, das gegenseitige Verständnis zu erhöhen und vor allem neue Lösungsansätze zum Vorschein zu bringen.

Das Meta-Modell der Sprache

Der zentrale Gedanke des NLP in Bezug auf Sprache ist, dass sie verschiedene Strukturen hat: eine Oberflächenstruktur und eine Tiefenstruktur. Die konkret geäußerten Wortfolgen und Sätze bilden die Oberflächenstruktur. Sie zeigt sich in der Art und Weise des Sprechens, in der Wortwahl, der Form des Satzes, dem Satzbau. Die Tiefenstruktur gibt der Oberflächenstruktur ihre Bedeutung. Die Worte erhalten durch sie ihre Inhalte und Informationen. Dieser Gedanke heißt im NLP »Meta-Modell der Sprache«.

Ein Wort kann mit mehreren Tiefenstrukturen verbunden sein. So entsteht die Mehrdeutigkeit (Ambiguität) der Sprache. Beispielsweise kann die Formulierung »Jemandem einen Korb geben« bedeuten, dass man ihm einen Behälter aus Weidengeflecht gibt, aber auch, dass man ihn abweist. Andererseits kann eine bestimmte Tiefenstruktur zu verschiedenen Oberflächenstrukturen transformiert werden. So können wir die Ablehnung eines Verehrers mit »sie gibt ihm einen Korb« ausdrücken, aber auch mit »sie ließ ihn abblitzen« und »sie wimmelte ihn ab«. Auf dem Weg von der Tiefenstruktur zur Oberflächenstruktur der konkreten Sprache spielen drei Vorgänge eine Rolle:

1. Bei der Tilgung selektieren Menschen die vorliegenden Informationen; viele davon werden ausgelassen, also getilgt.

2. Bei der Verzerrung vereinfachen wir Informationen. Dadurch verändert – verzerrt – sich deren Bedeutung.

3. Bei der Verallgemeinerung übertragen wir eine Erfahrung oder Information aus einem Bereich auf einen anderen, ohne Ausnahmen und besondere Bedingungen zu berücksichtigen.

Der Sinn hinter den Verallgemeinerungen, Verzerrungen und Tilgungen ist, Kommunikation überhaupt erst zu ermöglichen. Anderenfalls würden Gespräche endlos dauern und sich in den unzähligen Details, die es zu vermitteln gilt, verlieren. Allerdings verkürzen Menschen im Zuge dieser unbewussten Tätigkeiten auch den Inhalt ihrer Botschaften und es kann zu Missverständnissen kommen.

Tilgungen hinterfragen

Eine Tilgung erkennen Sie daran, dass in der Aussage Ihres Gegenübers eine wichtige Information fehlt. Sprachlich können solche Aussagen unterschiedliche Formen haben. Im Folgenden sehen Sie Beispiele, wie Sie die fehlenden Elemente erfragen können.

Art der Tilgung	Aussagen und Fragen
Einfache Tilgung	Ich ärgere mich. – Worüber ärgern Sie sich? Mein Kollege war überrascht. – Was hat ihn überrascht? Wer hat ihn überrascht?
Vergleichende Tilgung	Ich möchte weniger Arbeit haben. – Was heißt weniger? Weniger verglichen womit? Die Ergebnisse waren schlechter. – Nach welchem Maßstab schlechter? Schlechter als was?
Unspezifische Verben	Mein Chef lehnte den Vorschlag ab. – Wie genau machte er das? Das Gespräch hat mich genervt. – Auf welche Weise hat es dich genervt?

Art der Tilgung	Aussagen und Fragen
Nominalisierungen	Mein Kollege möchte Anerkennung. – Was soll anerkannt werden? Wie möchte er anerkannt werden? Von wem möchte er anerkannt werden?
Fehlender Bezugsrahmen	Man sagt mir nichts. – Wer sagt Ihnen nichts? Das geht so nicht. – Was genau geht so nicht?

Verzerrungen hinterfragen

Jeder hat ein anderes Bild der Wirklichkeit – und dies drückt sich auch in seiner Sprache aus. Nicht ohne Grund sagen wir bei Meinungsverschiedenheiten oft »Da hast du aber eine ganz schön verzerrte Wahrnehmung« – und drücken damit aus, dass sich unser Gesprächspartner ein völlig anderes Bild einer Situation macht, als wir es tun. Im Kommunikationsprozess gilt es, die beiden Bilder in Einklang zu bringen. Verzerrungen zeigen sich oft darin, dass Personen ihre individuellen Vorannahmen nicht reflektieren. Im Folgenden sehen Sie eine Übersicht über die Formen von Verzerrungen und über die Fragen, die Sie stellen können, um Verzerrungen aufzudröseln.

Art der Verzerrung	Aussagen und Fragen
Gedanken lesen	Du kannst mich nicht leiden. – Woher weißt du das? Jeder hält mich für naiv. – Wie kommst du darauf, dass das so ist?

Art der Verzerrung	Aussagen und Fragen
Verlorene Zitate	Bescheidenheit ist eine Zier. – Wer sagt das? Wann gilt das und wann nicht? Kinder müssen gehorchen. – Wann ist das richtig? Wann ist es wichtig, dass Kinder ihren eigenen Kopf durchsetzen dürfen?
Fehlerhafter Ursache-Wirkungs-zusammenhang	Herr Schneider macht mich wütend. – Wie genau macht er das? Welches Verhalten macht Sie wütend? Deine Fragen verletzen mich. – Was an meinen Fragen verletzt dich? Der Tonfall? Der Inhalt? Die Menge?
Komplexe Äquivalenzen	Schweigen heißt Ablehnung. – Gilt das in allen Fällen? Er versteht mich nicht, weil er mich nie anschaut. – Hat dich schon mal jemand verstanden, der dich nicht anschaut, z.B. am Telefon?

Generalisierungen hinterfragen

Ohne die Fähigkeit, Erfahrungen zu verallgemeinern, könnten Menschen nichts lernen. Wenn die Erkenntnis »Äpfel sind essbar« nicht irgendwann generalisiert worden wäre, müsste jeder einzelne Mensch bei jedem einzelnen Apfel neu ausprobieren, ob es sich nicht doch um eine giftige Frucht handelt. Allerdings sind nicht alle Verallgemeinerungen so sinnvoll. Oft wird eine Aussage in unzulässiger Weise auf Bereiche ausgedehnt, in denen sie nicht oder nicht unbedingt gültig ist. Mit speziellen Fragen können Sie den Gültigkeitsbereich der Formulierung eingrenzen.

Art der Generalisierung	Aussagen und Fragen
Universalbezeichnungen	Er braucht nie Hilfe. – Wirklich nie? Jeder wird das verstehen. – Tatsächlich jeder?
Verallgemeinerter Bezugsrahmen	Männer können besser einparken. – Wer genau kann das? Welche Männer können das nicht? Haustiere machen Arbeit. – Welche Haustiere machen Arbeit? Alle Haustiere?
Modalverben der Notwendigkeit	Ich muss das tun. – Werden Sie dazu gezwungen? Wer oder was zwingt Sie dazu? Der Chef sollte mehr loben. – Wer verlangt das? Was geschieht, wenn er das nicht tut?
Modalverben der Möglichkeit	Ich kann nicht weiterarbeiten. – Wer oder was hindert Sie daran? Es ist nicht möglich, dass … – Wieso ist es nicht möglich?
Fehlender Bezugsrahmen	Man sagt mir nichts. – Wer sagt Ihnen nichts? Das geht so nicht. – Was genau geht so nicht?

So entfalten die Fragen ihre Wirkung

Meta-Modell-Fragen sind wichtige und hilfreiche Instrumente im Kommunikationsprozess. Viele der Fragen tragen die Lösung eines Problems bereits in sich, z. B. wenn Ursache und Wirkung im Dialog geklärt werden. Gespräche sind aber kein Kreuzverhör. Sie sollen im Fluss bleiben. Dazu sind folgende Punkte wichtig:

- Rapport steht in jedem Gespräch an oberster Stelle. Wer nicht mit seinem Gesprächspartner in Kontakt ist, dem wird dieser nicht mehr zuhören. Die Antworten bringen dann nicht den gewünschten Nutzen.

- Achten Sie darauf, dass in der Unterhaltung ein gutes Verhältnis zwischen Fragen und Aussagen besteht. Stellen Sie nicht Frage um Frage, sondern streuen Sie die Fragen ins Gespräch ein.

- Fragen sind ein Teil des Leading: Durch geschicktes Fragen führen Sie Ihren Gesprächspartner an die Lösung eines Problems oder einer Kommunikationsbarriere heran.

- Üben Sie diese Technik zuerst im privaten Rahmen und in kleinen Schritten. Beobachten Sie genau, ob die Fragen und die Art, wie Sie sie stellen, dem Gespräch dienen oder ihm schaden.

> Das Meta-Modell vermeidet das »Warum«. Viele Menschen fühlen sich durch eine Warum-Frage angegriffen und zu Rechtfertigungen und Erklärungen genötigt. Für gute Kommunikation ist das wenig sinnvoll.

Sprachbilder verwenden

»Das Leben ist wie eine Schachtel Pralinen – man weiß nie, was man kriegt«, stellt Forrest Gump in dem gleichnamigen Film fest – ein schönes und einprägsames Bild für das Leben des Filmhelden. Wir sehen die Schachtel Pralinen vor uns und die meisten von uns kennen die freudige Erwartung beim Öffnen der Schachtel, wie die Pralinen wohl aussehen, wie sie riechen und schmecken, womit sie gefüllt sind. Zugleich eröffnet uns dieses Bild einen Zugang zur Haltung des Filmhelden gegenüber sich und seinem Leben: Es ist für ihn ein Geschenk (wie die Pralinen) und er weiß nicht, was kommt. Er nimmt es hin und lässt sich überraschen. Das kann sowohl eine kindliche Neugier auf das Leben bedeuten als auch eine eher passive Lebenshaltung zeigen, denn die Pralinen und deren Füllung werden ja von jemand anderem gemacht.

An diesem Beispiel sehen Sie: Ein sprachliches Bild ruft in uns innere Bilder hervor über Situationen oder Personen, für deren »sachliche« Beschreibung wir viele Wörter und Sätze bräuchten. Es eröffnet neue Dimensionen. Diese Eigenschaft, so das NLP, können wir nutzen, um besser zu kommunizieren.

Allen sprachlichen Bildern, also ganzen Geschichten, Vergleichen oder Metaphern, gemeinsam ist, dass wir zwei Gegenstände, Personen, Situationen oder Sachverhalte miteinander vergleichen und die gemeinsame(n) Eigenschaft(en) als Basis nehmen.

Vergleiche

Wenn wir Hunger wie ein Wolf oder Augen wie ein Adler haben, munter wie ein Fisch sind oder Ohren wie ein Luchs haben, dann vergleichen wir. Wir übertragen eine bestimmte Eigenschaft dieser Tiere auf uns selbst: den hohen Energiebedarf des Wolfes, die vielen Bewegungen des Fisches oder das uns bei weitem überlegene Hör- und Sehvermögen von Luchs und Adler.

Metaphern

In der Sprache sind Metaphern allgegenwärtig. Häufig ist uns das nicht mehr bewusst, etwa bei Begriffen wie Patchworkfamilie oder Baumkrone. Diesen Metaphern gemeinsam ist, dass der ursprüngliche Begriff (Patchwork = im Textilhandwerk Bezeichnung eines Stoffes, der aus vielen kleineren Stoffteilen zusammengesetzt ist; Krone = meist runder, in Strahlen aus Metall endender Gegenstand auf dem Kopf der Königin oder des Königs) eine Überschneidung mit dem Gegenstand, der Person oder dem Sachverhalt aufweist, auf den oder die man es anwendet. Die Eigenschaft, die beide Begriffe aufweisen, überträgt man. Die Metapher ist also ein Vergleich von Eigenschaften oder Verhalten – nur ohne das »wie«: Diese Familie ist bunt zusammengesetzt wie ein Patchwork-Stoff oder das obere Ende des Baumes sieht von der Form her aus wie eine Krone.

Diese rhetorische Technik wirkt stärker als der Vergleich und eröffnet dem Sprechenden ein weites Handlungsfeld: Er kann damit

- innere Bilder beim Empfänger erzeugen, also etwas veranschaulichen und alle Sinne ansprechen. Beispiele: Das Kind ist ein Sonnenschein. Der Höhenflug des Dollars. Erinnern Sie sich an die Vision, die Helmut Kohl zur Wiedervereinigung mit den »blühenden Landschaften« für die neuen Bundesländer vor unserem geistigen Auge malte?

- positive oder negative Gefühle erzeugen: die Sonne lacht oder etwas stinkt zum Himmel.

- ein Tabuthema umschreiben oder einen Sachverhalt beschönigen, z. B. wenn jemand nicht »stirbt«, sondern »entschläft«, oder auch negativ darstellen: Der 2005 von Franz Müntefering geprägte Begriff »Heuschrecke« ist eine abwertende Metapher für Private-Equity-Gesellschaften, die überzogene bzw. nur kurzfristige Renditen versprechen.

Viele Methapern speisen sich aus der Natur, aus Handwerk, Küche, Kunst, Sport und Spiel.

BEISPIEL

Manche Chefs bezeichnen sich als Kapitän, sie gehen von Bord oder sie übergeben den Stab an ihren Nachfolger. Der Neue stellt dann neue Spielregeln auf. Oder eine Kollegin kocht ihr eigenes Süppchen oder der Abteilungsleiter will immer die Hauptrolle spielen. Der ganze Betrieb kann ein Haifischbecken sein oder der Chef will mit seiner Abteilung nicht in der Kreisliga, sondern in der Champions League spielen.

Häufig verwenden wir auch Metaphern oder Vergleiche, die nichtmenschliche Dinge, also Gegenstände, Tiere oder Abstrakta mit menschlichen Eigenschaften verknüpfen. Dann spricht man von Personifizierung.

BEISPIEL

Die Himmel weint und der Wind flüstert, der Tag geht schlafen, Mutter Natur und Vater Staat, die Zeit eilt oder die Armut sitzt am Tisch. Begriffe wie »der innere Schweinehund« oder die »Delfinstrategie« haben es sogar in die Wirtschaftsliteratur und auf Buchcover geschafft.

Einige Metaphern stammen aus der Bibel oder aus der Mythologie: Erinnern Sie sich an die erste Rede von Josef Ratzinger als neu gewählter Papst der »ein einfacher und bescheidener Arbeiter im Weinberg des Herrn« sein wollte. In Anlehnung an die griechische Mythologie kennen wir die Sisyphusarbeit oder den Ödipuskomplex. Und wenn wir den Faden verlieren oder von Leitfaden sprechen, so beziehen wir uns auf Ariadnes Faden, der ihr aus dem Labyrinth half.

Geschichten

Geschichten zu erzählen, ist eine uralte Form der menschlichen Kommunikation, die seit jeher dazu diente, Wissen, Erfahrungen, Traditionen und Werte zu sichern und weiterzugeben. Auch religiöse Inhalte und Themen wurden schon immer und auf der ganzen Welt in Geschichten verpackt. Geschichten sind komplexer als ein einfacher Vergleich. Die unterschiedlichen Details und Elemente einer Geschichte werden miteinander verknüpft. Dadurch ist es möglich, Wissen und Informationen zu nutzen, Verhalten zu hinterfragen und Neues oder Lösungen anschaulich zu übermitteln. Die Grundidee, die Botschaft einer Geschichte, muss aus der Lebenswelt der Zuhörer stammen.

BEISPIEL

In der Werbung werden häufig nicht mehr Produkte mit ihren Eigenschaften vorgestellt, sondern es werden Geschichten über Personen erzählt, die durch die Verwendung des Produkts beliebter sind, mehr Anerkennung erhalten, sich besser fühlen oder ein glücklicheres oder entspannteres Leben haben.

Im Teamgespräch verknüpft der Abteilungsleiter Herr Rieger das Thema Kooperation im Team mit der Geschichte eines Hausbaus: die unterschiedlichen Aufgaben der Handwerker, die konkrete Abstimmung und Zusammenarbeit der Gewerke um ein gemeinsames Ziel – das fertige Haus – termin- und fachgerecht, konfliktfrei und optimal zu erreichen.

Visualisieren und Sinne aktivieren

Sprachliche Bilder erzeugen in jedem Menschen unterschiedliche Bilder und Emotionen – je nach Wissen und Erfahrung. Mentale Bilder aktivieren über die Verarbeitungsnetzwerke in unserem Gehirn jedoch nicht nur den visuellen Sinn, sondern auch alle anderen Sinne – wenn auch nicht immer bewusst.

BEISPIEL

Ute und ihre Freundin Sabine sprechen über ihren Job und ihre Abteilungen. Ute sagt: »Manchmal habe ich das Gefühl, ich bin im Dschungel«, während Sabine erzählt: »Bei uns ist es wie beim Militär, wie im Manöver oder in einer Kaserne«.

Zu den Bildern aus dem Beispiel können wir auditive (z. B. Geräusche, die Tierlaute oder das Geraschel in den Bäumen, den Hall der Stimmen auf dem Kasernenhof), olfaktorische (z. B. Geruch im Dschungel) und kinästhetische (z. B. Spüren der Temperatur und Feuchtigkeit) Sinneswahrnehmungen assoziieren. Die Wirkung von Metaphern ist also multisensorisch; sie erzeugen eine vielsinnige Vorstellung in unserem Gehirn. Das machen wir uns in der Arbeit mit Metaphern zunutze; sie entwickeln dadurch ein ungeheures Potenzial.

Die neuronale Verarbeitung ist jedoch selektiv, d.h., sie fokussiert auf einen oder wenige Bedeutungsinhalte und blendet andere aus oder diese treten in den Hintergrund. Wie geht es Ihnen mit diesem Beispiel? Ist der Dschungel eher ein interessanter Ort der Vielfalt und Abenteuer oder mit großen Gefahren verbunden? Ist es dort undurchdringlich oder kann ich mir selbst mit einem geeigneten Werkzeug meinen Weg bahnen? Lassen die Bilder von der Kaserne oder Militär in Ihnen mentale Eindrücke von Ordnung und Sicherheit oder eher von Befehl und Gehorsam entstehen? Das führt zu einer Besonderheit von sprachlichen Bildern: Das innere Bild der Person, die das sprachliche Bild verwendet, ist selten das gleiche wie das innere Bild, das bei der zuhörenden Person entsteht. Nicht immer können wir davon ausgehen, dass Sprachbilder und Vergleiche von allen gleich verarbeitet und bewertet werden.

Assoziiert in der Metapher und dissoziiert zum Problem

Assoziiert oder dissoziiert zu sein beschreibt im NLP den Zustand bzw. den Grad des »Drinseins« in einer Situation und der emotionalen Verbundenheit. Beim assoziierten Erleben bin ich im eigenen Erleben und in den eigenen Emotionen, nehme direkt und ohne Abstand wahr. Dissoziiert habe ich Abstand zur Situation, ohne Emotionen – hier bin ich mehr Zuschauer.

BEISPIEL

> Das Bild des Hausbaus kann im Teamgespräch – assoziiert zum Bild – aufgegriffen werden, indem einzelne Gewerke benannt werden, indem über die Themen Bauplan oder Errichtung des Fundaments und über die Arbeitsschritte Rohbau oder Inneneinrichtung kreativ und spielerisch ein Haus errichtet wird. Im zweiten Schritt können – dissoziiert zum Bearbeitungsthema – die Analogien hergestellt werden: Wer ist bei uns im Team der Architekt, der Bauleiter, der Statiker? Was ist unser Fundament, welche Mauern sind tragend und welche Regeln gelten in der Zusammenarbeit? Welche Arbeiten können zeitgleich und welche müssen nacheinander durchgeführt werden?

Die Dissoziation zum Bearbeitungsthema schafft Distanz und ermöglicht eine Art Probedenken auf eine nicht bedrohliche Art und Weise und in einem ungefährlichen Gebiet.

Viele Menschen äußern sich freier als im eigentlichen Sachthema, wenn sie in der Metapher sprechen. Sie helfen dabei, andere Sichtweisen und Lösungen zu erkunden.

Bekanntes nutzen und Neues erreichen

In Metaphern greifen wir häufig auf Bekanntes zurück. So z. B. wenn wir von einem Dschungel oder der Champions League sprechen. Das bekannte Wort bzw. der bekannte Sachverhalt erzeugt ein Wiedererkennen, gibt Sicherheit und Struktur und schafft Akzeptanz, Vertrautheit und Vertrauen.

Der Begriff »Chunking« bezeichnet die Organisation von Informationseinheiten. So beschreibt Chunking down den Prozess, ins Detail zu gehen, also von der größeren zur kleineren, konkreteren Einheit (Beispiel: Büroartikel – Schreibwerkzeug – Bleistift). Chunking up beschreibt den Prozess, auf eine höhere, umfassendere und abstraktere Ebene zu gehen (Beispiel: Wein – Getränke – Lebensmittel). Bei der Verwendung sprachlicher Bilder, also der Verknüpfung von zwei Kontexten, befindet man sich auf der gleichen Detailebene – deshalb heißt es laterales Chunking.

Bei der Verknüpfung von Bekanntem mit Unbekanntem durch das laterale Chunken

- wird der Blick auf (weitere und andere) Details gelenkt,
- werden Denk- und Verarbeitungsmuster übertragen,
- neue Sichtweisen ermöglicht und
- Ressourcen und Lösungsansätze zugänglich.

BEISPIEL

Für jeden Mitarbeiter ist klar, dass der Hausbau nur mit einer guten Zusammenarbeit der Gewerke und einem strukturierten Informationsaustausch zwischen Handwerkern und Bauleiter klappt.

Diese Verhaltensweisen und Anforderungen werden auf die aktuelle Teamsituation übertragen. Als neues Verhalten im Team wird vereinbart, dass der schriftliche Plan für alle Beteiligten zur Verfügung steht, jede – auch noch so kleine Änderung – sofort und für alle nachvollziehbar kommuniziert wird und der geänderte Plan für alle verbindlich ist.

Bewusste Verarbeitung und unbewusste Stimulanz

Auch wenn wir glauben, dass wir Entscheidungen rational und bewusst fällen, so hat die Hirnforschung der letzten Jahre gezeigt, dass unser Gehirn zu über 90 % Informationen verarbeitet, speichert und nutzt, ohne dass uns diese Vorgänge bewusst sind. Unterbewusstsein und Bewusstsein, beide sind ein eingespieltes Team, sie ergänzen sich und arbeiten zusammen – auch wenn wir sprachliche Bilder einsetzen oder hören.

- Metaphern werden nur zum Teil mit dem Verstand gewählt und sind trotzdem nicht zufällig: Das Unterbewusstsein wird bei der Auswahl herangezogen.

- Die Bilder aktivieren das Gehirn. Es laufen Suchprozesse ab, um Bekanntes zu erkennen und Neues einzuordnen. Das ermöglicht ein bewusstes Erinnern, und zugleich werden unbewusste Prozesse angestoßen.

- Manchmal schaffen sprachliche Bilder Zugang zu etwas, was das Bewusstsein noch nicht gedacht oder noch nicht akzeptiert hat, das Unterbewusstsein jedoch schon bereitstellt.

- Erfahrungen und Verschaltungen im Gehirn können immer wieder aktiviert und abgerufen werden. Das macht man sich zunutze, wenn man sprachliche Bilder verwendet.

- Je öfter neuronale Regionen miteinander feuern, desto wirkmächtiger werden sie. Das gilt gleichermaßen für positiv wie negativ besetzte Inhalte.

BEISPIEL

Das Team wird alle bewussten Fakten bei der Analogie zwischen Hausbau und Teamzusammenarbeit nutzen. Unbewusste Inhalte könnten sein: alle jemals wahrgenommene Arten von Gebäuden, emotionale Verknüpfungen zu den Zimmern in einem Haus, wie z. B. Keller, Dachboden oder ein besonderes Zimmer im Haus der Großeltern.

Nutzen von Sprachbildern in der Kommunikation

Die dargestellten Wirkungen verdeutlichen, dass Sprachbilder aktivierend und motivierend, belebend und bereichernd sein können. Sie fokussieren den Gesprächspartner, indem sie mit überraschenden, manchmal auch humorvollen Elementen die Aufmerksamkeit anziehen oder die Konzentration aufrechterhalten, sie können erhellen oder erklären, indem sie komplexe Sachverhalte verständlich machen oder Unbekanntes mit Bekanntem erläutern. Und nicht zuletzt bleiben sie länger im

Gedächtnis als Zahlen und Fakten. Diese mnemotechnische Funktion von Metaphern ist sowohl gedächtnisbildend als auch gedächtnisstrukturierend.

> Der Nutzen eines sprachlichen Bildes hängt davon ab, wie genau es zum Gesprächspartner, zum Kontext und zum Thema passt. Die Verantwortung dafür liegt zum großen Teil bei der Person, die die Metapher verwendet.

Passgenauigkeit durch aktiven Rapport

Damit sprachliche Bilder Früchte tragen, also ressourcen- und lösungsorientiert positiv wirken, gilt es, die möglichen Risiken in der Anwendung zu kennen, einige Dinge zu beachten und im Prozess laufend zu überprüfen. Metaphern werden akzeptiert und entfalten volle Wirkung, wenn sie auf den folgenden Ebenen passgenau sind.

- **Situation und Thema:** Die Kerneigenschaft des Bildes sollte zum Thema passen. Wenn Sie Selbstdarstellung oder Individualität zum Thema haben, so wären die Metaphern »Ameisenstaat« oder »Bienenstock« unpassend. Manchmal spricht der Vertrieb von »an die Front gehen«, »sich dem Kampf stellen«. Mit dieser Kriegsmetapher könnten wir –vielleicht auch unbewusst – assoziieren, dass Kunden »Feinde« und nur mit »Gewalt« zu besiegen sind.

- **Sprache:** Individuelle Sprache, Sprachniveau und die Verwendung von Fachsprachen sind wichtige Elemente, um

in der Sprach- und Denkwelt des Gesprächspartners anzu-
docken – oder auch danebenzuliegen.

- **Wissen und Erfahrung:** Sprachbilder müssen am Wissen
und den persönlichen Erfahrungen der Menschen andocken.
Denn nicht jeder weiß, was mit der »Büchse der Pandora«
gemeint ist – mancher glaubt möglicherweise, Sie meinen
damit ein Gewehr.

- **Kulturelle Gegebenheiten:** Interkulturell ist besondere Vorsicht geboten. Menschen, die eine andere Muttersprache haben oder anderswo aufgewachsen sind, verwenden auch andere Metaphern. Deshalb können Sie hier mit Sprachbildern
Gefühle verletzen, wenn Ihr Gesprächspartner Bedeutungen
assoziiert, die Sie nicht beabsichtigt haben. Insbesondere
Tiermetaphern haben unterschiedliche Bedeutungen. So gilt
z. B. im Arabischen der Hund als unrein, in Südamerika ist die
Schlange nicht listig, sondern weise, und in Indien schreibt
man der Eule nicht Weisheit zu. Im Gegenteil: Sie gilt als
dumm und wird als Schimpfwort benutzt. Auch hat die Taube
nicht überall und nicht bei jedem den Ruf als Friedenssymbol,
manche sprechen gar von den »Ratten der Lüfte«.

- **Persönlicher Bezug:** Falls es möglich ist, sollten Sie den
emotionalen Aspekt berücksichtigen. Leidet eine Mitarbeiterin an Höhenangst oder einer Hundephobie oder hat ein Mitarbeiter 2012 auf dem verunglückten Kreuzfahrtschiff Costa
Concordia traumatische Erfahrung gemacht, so sind Vergleiche mit einer Ballonfahrt, die Themen Haustierhaltung oder
Schiff- und Kreuzfahrten in hohem Maße emotional negativ

besetzt. Überprüfen Sie die Wirkung durch die Beobachtung der Körpersprache Ihres Gegenübers, insbesondere seiner Mimik – bieten Sie andere Metaphern an, die positive Emotionen erkennen lassen.

- **Richtige Dosierung:** So hilfreich Metaphern sein können, so kommt es auch hier – wie bei Medikamenten – auf die richtige Dosierung an. Zuviel des Guten kann Nebenwirkungen erzeugen. Möglicherweise schwindet die Akzeptanz, es wird langweilig oder lenkt ab. Und es können Widerstände entstehen gegen eine ansonsten nützliche Metapher. Außerdem besteht die Gefahr, dass Ihr Gegenüber weniger Wahl- und Interpretationsfreiheit bezogen auf die Bedeutungen dieser Sprachbilder hat.

BEISPIEL

Die in einem Workshop verwendete Fußballmetapher wird ausführlich, mit sehr vielen Beispielen und in hoher Intensität eingesetzt. Die Flipcharts sind mit Fußballsymbolen übersät, jeder vierte Satz enthält eine Analogie zum Ballsport, die Seminarteilnehmer erhalten eine Spielerrolle zugeteilt und sogar das Mittagessen in der »Halbzeit« wird als »Elektrolytausgleich« angekündigt.

- **Stimmigkeit und Logik:** Achten Sie darauf, dass alle Teile des Sprachbildes in sich stimmig und logisch sind, weil es sonst nicht seinen vollen Nutzen entfalten kann oder möglicherweise sogar abgelehnt wird.

BEISPIEL

Nicht stimmig kann eine Fußballteam-Metapher sein, wenn die Führungskraft im Team voll in die Aufgaben integriert ist, aber trotzdem von ihrer Rolle als Trainer oder Sportdirektor spricht. Die Metapher trifft in diesem Teilaspekt nicht zu – passender ist es hier, die Rolle des Mannschaftskapitäns zu verwenden.

Metaprogramme kennen und erkennen

Ständig und ohne unser aktives Zutun nehmen unsere fünf Sinnesorgane Reize der Außenwelt auf. Sie sind jedoch nur begrenzt aufnahmefähig – wir nehmen nicht alles wahr, was um uns herum geschieht. Im Gehirn werden die Informationen weiterverarbeitet, mit Bekanntem verglichen, ausgewählt, aufgeteilt und neu zusammengestellt. Dieser Prozess, der in Bruchteilen einer Sekunde abläuft, erzielt eine Wirkung – bewusst oder unbewusst: Wir denken, fühlen, handeln.

Wie wir die Welt wahrnehmen und wie wir agieren und reagieren, ist also Resultat eines komplexen Filter- und Auswahlprozesses. Die Auswahl orientiert sich am individuellen Nutzen und der Relevanz der Information für den Wahrnehmenden. Eine objektiv richtige Wahrnehmung kann es daher nicht geben.

Was sind Metaprogramme?

Im NLP werden die Filterprogramme, über die jeder Mensch verfügt, Metaprogramme genannt. Meist haben sich diese Metaprogramme durch unser Familienumfeld in der Kindheit, durch unsere Kultur und durch unsere vielfältigen Lebenserfahrungen herausgebildet. Diese Sortier- und Präferenzmuster laufen automatisch und meist unbewusst ab.

Metaprogramme sind persönliche Landkarten der Welt und hilfreich bei der Bewältigung der Informationsflut. Sie führen dazu, dass jeder von uns einen Aufmerksamkeitsfokus hat. Und sie bestimmen, welche individuellen Denk- und Handlungsweisen wir bevorzugen. Sie organisieren bzw. bestimmen sowohl den Umgang mit uns selbst als auch unsere Interaktion mit unserer Umwelt.

Die sechs wichtigsten Metaprogramme im NLP, manchmal auch als Sorting Styles bezeichnet, unterscheiden sich, wie in der folgenden Tabelle dargestellt. Das Modell der Metaprogramme ist polar aufgebaut und zwischen den Polen liegen die Ausprägungen auf einem Kontinuum von 0 bis 100%. Das bedeutet, dass eine Person nicht über entweder das eine oder das andere Metaprogramm verfügt, sondern eine unterschiedliche Ausprägung aufweist.

Übersicht über die Metaprogramme		
Filterart	**Gibt Auskunft darüber, ...**	**Pole**
Richtungsfilter	welche Richtung das Handeln einer Person in einem bestimmten Kontext hat	hin zu – weg von
Referenzfilter	wo die Maßstäbe eines Menschen bei der Beurteilung einer Situation oder Erfahrung liegen	internal – external

Übersicht über die Metaprogramme		
Filterart	**Gibt Auskunft darüber, ...**	**Pole**
Handlungs-filter	ob jemand die Initiative ergreift und wie schnell er handelt bzw. wie lange er abwartet und abwägt	proaktiv – reaktiv
Informations-filter	ob eine Person eher den Überblick hat oder lieber die konkreten Details wahrnimmt	global – Detail
Motivations-filter	wie eine Person beim Erledigen von Aufgaben vorgeht – bevorzugt sie neue und viele Wege oder bewährte Verfahren	optional – prozedural
Vergleichs-filter	wie eine Person Beziehungen zwischen Personen, Sachverhalte oder Objekten herstellt	Gleichheit – Unterschied

Besonderheiten von Metaprogrammen

Metaprogramme sind weder gut noch schlecht. Die Beurteilung richtet sich danach, ob ein Metaprogramm für eine Person im jeweiligen Kontext passend und nützlich ist.

BEISPIEL

Zwei Gläser mit Wein sind bis zur Hälfte gefüllt. Eine Person beschreibt den Flüssigkeitsstand mit »halb voll«, eine andere Person urteilt »halb leer«. Beide haben Recht. Und beide werden zu Unrecht als Optimist bzw. Pessimist bezeichnet. Denn je nach Kontext und Aufmerksamkeitsfokus ist es nützlich, auf die Hälfte Wein zu schauen, die man noch trinken kann, oder auf jene Hälfte, die schon getrunken wurde.

Metaprogramme führen auch nicht automatisch zum Erfolg oder stellen für eine Person eine generelle Erfolgsstrategie dar. Vielmehr ist der Erfolg davon abhängig, ob ein Metaprogramm adäquat eingesetzt wird: passend zur Person und zu ihrer Rolle und Aufgabe im jeweiligen Kontext. Metaprogramme können stabil und gleich in allen Lebenskontexten sein. Bei vielen variieren jedoch die Präferenzfilter und sind kontextspezifisch d. h., die Filter sind nicht festgelegt. Außerdem sind sie häufig abhängig vom Zustand und Stressniveau der Person. In Reinform (also mit einer Ausprägung von 100 oder 0 Prozent) treten sie so gut wie nie auf.

> Verhalten oder Sprachmuster können nur in dem beobachteten Kontext vorhersagbar und/oder gültig sein. Rückschlüsse oder Aussagen über Metaprogramme in einem anderen Kontext sind nicht hilfreich.

Wenn wir uns der individuellen Metaprogramme bei uns selbst und bei anderen bewusst werden, sind sie veränderbar. Das heißt, wir können das gegenteilige Metaprogramm trainieren bzw. es in der Kommunikation und bei der Herstellung von Rapport verwenden. Denn Menschen fühlen sich verstanden und am wohlsten, wenn Informationen und Inhalte zu ihren bevorzugten Metaprogrammen passen. Ebenso mindert dies den Stresspegel und fördert Leistung und Motivation.

Richtungsfilter: Hin zu und weg von

Dieses Metaprogramm steht dafür, was eine Person in einem bestimmten Kontext zum Handeln veranlasst, sie motiviert und bewegt. Als Richtungsfilter wird es bezeichnet, weil Menschen handeln, um sich eher auf etwas zuzubewegen – ein Ziel oder eine Position – oder um sich eher von etwas weg zu bewegen, durch ihr Handeln etwas zu vermeiden.

Merkmale von Personen mit Hin-zu-Filter

- **Verhalten:** kennen ihre Ziele und sprechen darüber. Setzen ihre Energie dafür ein, etwas zu erreichen, z. B. eine Position im Unternehmen, ein angenehmes Klima im Team oder die Lösung einer Aufgabe. Denken wenig oder gar nicht an Probleme und Hindernisse bzw. erkennen diese gar nicht. Wirken deshalb auf manche Menschen naiv oder oberflächlich. Planen gerne und haben Zielerreichungsstrategien. Richten den Zeitfokus auf die Zukunft.

- **Körpersprache:** zeigen auf etwas, einbeziehende Gesten, Kopfnicken.

- **Wörter/Sprache:** Ziele, Chance, Nutzen, Vorteile, erreichen, ermöglichen, schaffen, gewinnen, hätte gern, möchte, würde gerne haben.

Merkmale von Personen mit Weg-von-Filter

- **Verhalten:** richten den Fokus auf das, was sie vermeiden oder verhindern wollen, auf Probleme, Hindernisse, Krisen,

Fehler und sprechen darüber. Sie erkennen schnell, wenn etwas schiefläuft. Ihre Motivation zum Handeln beziehen sie aus der Vermeidung. Es fällt ihnen schwer, sich an Zielen zu orientieren. Wirken deshalb auf manche als Problemsucher und Bedenkenträger.

- **Körpersprache:** weniger Gestik und weniger Lächeln, ausgrenzende Gesten, leichtes Kopfschütteln.

- **Wörter/Sprache:** Probleme, nicht mehr tun, verhindern, vermeiden, regeln, loswerden, herausfinden (woran es liegt), müssen, brauchen, sollen.

So erhalten Sie Hinweise auf den Richtungsfilter

Fragen Sie:

- Was ist Ihnen bei dieser Arbeit/diesem Projekt wichtig?

- Warum ist das wichtig für Sie?

- Was haben Sie davon?

Hin-zu-Filter-Personen antworten z. B.: Es ermöglicht mir, dass ich meine Ziele in der Zukunft noch effizienter erreiche. Ich möchte gerne, dass ich meine beruflichen Fähigkeiten noch mehr nutzen kann. Mit einem guten Kontakt zu meinen Kunden schaffe ich ein positives Vertrauensverhältnis.

Weg-von-Filter-Personen antworten z. B.: Mir ist wichtig, dass keine Fehler auftreten. Durch die frühzeitige Kontrolle und Analyse kann ich verhindern, dass ich später wertvolle Zeit verliere.

Ich vermeide im Bearbeitungsprozess, dass Arbeiten doppelt gemacht werden müssen.

Referenzfilter: Internal und external

Wie beurteilt ein Mensch eine Situation, eine Leistung oder eine Erfahrung, und welcher Maßstab liegt dieser Beurteilung zugrunde? Bei diesem Metaprogramm geht es darum, wo der Referenzrahmen der Person liegt. Menschen mit internaler Referenz messen ihre Leistung an eigenen Werten und Kriterien. Diejenigen mit externaler Referenz machen die Qualität ihres Verhaltens am Feedback durch Außenstehende fest.

Merkmale von Personen mit internalem Referenzfilter

- **Verhalten:** haben eigene Maßstäbe und Entscheidungskriterien. Beziehen ihre Motivation aus der eigenen Einschätzung und nicht von außen. Entscheiden schnell. Nehmen Anweisungen als Informationen auf. Widersetzen sich, wenn andere ihnen sagen, was sie zu tun haben oder wie etwas einzuschätzen ist. Tun sich mit Kritik schwer, bezweifeln abweichende Meinungen und sprechen einer sie kritisierenden Person die Kompetenz zur Beurteilung ab.

- **Körpersprache:** sitzen aufrecht, zeigen sich. Halten inne, bevor sie auf Einschätzungen von außen antworten.

- **Wörter/Sprache:** ich, ich weiß es, ich selbst, meine Einschätzung, ich bin überzeugt, meine eigenes inneres Gefühl und inneres Wissen sagen mir.

Merkmale von Personen mit externalem Referenzfilter

- **Verhalten:** brauchen Maßstäbe und Urteile von außen. Entscheiden erst, wenn sie andere Institutionen oder Personen konsultiert haben, z. B. Experten, Testergebnisse, Statistiken. Nehmen Ratschläge und Meinungen anderer ernst und orientieren sich daran. Teilen mit, woher sie ihr Wissen haben. Verwenden Checklisten und Anleitungen. Sind gut über Feedback und positive Beurteilung zu motivieren. Ohne Lob sinkt ihre Motivation. Nehmen Informationen und Feedback als Befehle und Handlungsimpulse auf. Bei Kritik zweifeln sie häufig an sich selbst.

- **Körpersprache:** neigen sich vor, beobachten die anderen und deren Reaktion.

- **Wörter/Sprache:** man sagt, die herrschende Expertenmeinung ist, meine Kollegin meint, was meinst du/wie finden Sie das?

So erhalten Sie Hinweise auf den Referenzfilter
Fragen Sie:

- Woher wissen Sie/Woran erkennen Sie, dass Sie gute Arbeit geleistet haben/etwas gut entschieden haben?

- Was oder wer sagt Ihnen, ob dies richtig ist?

Internal-Filter-Personen antworten z. B.: Ich weiß einfach, ob ich etwas gut entschieden habe oder nicht. Ich habe ein gutes Bauchgefühl, dass ich alles für mich Mögliche getan habe. Es sieht gut aus, es fühlt sich gut an und ich bin selbst davon überzeugt.

External-Filter-Personen antworten z. B.: Wenn meine Chefin mich lobt. Wenn ich die Kennzahlen erreicht habe. Meine Kollegen sind mit mir zufrieden. Meine Kunden/Klienten geben mir ein positives Feedback.

Handlungsfilter: Proaktiv und reaktiv

Bei diesem Metaprogramm geht es darum, wie schnell Menschen die Initiative ergreifen, wie schnell sie handeln und wie lange sie Überlegungen anstellen, abwarten und abwägen.

BEISPIEL

Rita und Volker sind Kollegen und besuchen gemeinsam eine Weiterbildung. Schon bei der Begrüßung bekommt der Seminarleiter, Herr Groß, erste Hinweise auf die Metaprogramme proaktiv/reaktiv. Volker geht auf ihn zu und streckt im lächelnd die Hand entgegen, während Rita sich im Hintergrund hält und wartet, bis Herr Groß sie entdeckt und begrüßt. In der Vorstellungsrunde ergreift Volker auf die Frage von Herrn Groß »Wer möchte denn beginnen?« sofort die Initiative und stellt sich gestenreich und mit prägnanten Sätzen vor. Rita hingegen wartet ab, schaut auf die anderen und überlegt, was sie sagen soll. Als Vorletzte stellt sie sich mit ruhiger Stimme vor.

Merkmale von Personen mit proaktivem Handlungsfilter

- **Verhalten:** fackeln nicht lange, ergreifen die Initiative häufig als Erste, schieben Dinge an. Werden häufig als Macher bezeichnet. Das hohe Maß an Eigeninitiative lässt sie oft die Führung übernehmen. Sie gelten als durchsetzungsstark, entscheidungsfreudig und dynamisch. Sie stürzen sich in eine Aufgabe, ohne vorher viel zu überlegen und zu prüfen. Erwarten Gestaltungsfreiräume und sehen das eigene Handeln als Ursache. Glauben, dass sie selbst die Umstände erschaffen und betrachten sich als ihres Glückes Schmied. Bevorzugen das persönliche Gespräch und den telefonischen Kontakt.

- **Körpersprache:** dynamisch, mit viel Bewegung der Hände und des gesamten Körpers

- **Wörter/Sprache:** sofort, gleich, erledigen, sich beeilen, aktiv werden, anpacken, voranbringen. Generell eher aktive Verben, kurze Sätze, klare Satzstruktur, sprechen schnell.

Merkmale von Personen mit reaktivem Handlungsfilter

- **Verhalten:** warten ab, denken nach, beobachten, überlassen den anderen den Vortritt und die Führung, halten sich im Hintergrund und analysieren die Sachlage. Das entsteht aus dem Bedürfnis, dass sie alles verstehen und prüfen wollen, bevor sie sich entscheiden zu handeln. Wirken ruhig, nachdenklich, besonnen und in sich gekehrt. Erwarten von Anderen eine Aktion, auf die sie reagieren können. Sehen das eigene Handeln als Wirkung. Glauben, dass etwas von selbst passiert, sehen sich als »Opfer« und glauben an Glück, Zufall und Schicksal. Schreiben lieber E-Mails als zu telefonieren.

- **Körpersprache:** ruhig, abwartend, wenig Bewegungen, können lange Zeit ruhig sitzen und zuhören.

- **Wörter/Sprache:** Zeit nehmen, prüfen, würde, könnte, müsste. Passive Verben, längere Sätze, Gebrauch des Passivs und Konditionals wie z. B.: »ich wurde beauftragt.« »Man könnte im Prinzip ...«

So erhalten Sie Hinweise auf den Handlungsfilter
Fragen Sie:

- Wie arbeiten Sie typischerweise?

- Wie handeln Sie in Ihrem Aufgabenfeld?

Proaktive-Filter-Personen antworten z. B.: Ich mach' es einfach. Wer nicht wagt, der nicht gewinnt! Ich probiere es aus, ohne lange darüber nachzudenken. Es gibt nichts Gutes, außer man tut es (ein Ausspruch von Erich Kästner).

Reaktive-Filter-Personen antworten z. B.: Bevor ich entscheide, will ich eine Nacht darüber schlafen. Ich nehme mir Zeit. In der Ruhe liegt die Kraft. Erst nachdenken und analysieren, nichts überstürzen. Manche Probleme lösen sich von alleine.

> Proaktive und reaktive Filter beschreiben den Handlungs-
> grad. Im Gegensatz dazu stehen inaktive Personen. Diese
> handeln gar nicht, weder jetzt, noch nach Analyse und Prü-
> fung. Sie ignorieren die eigenen und fremden Handlungsim-
> pulse und verharren in Untätigkeit.

Informationsfilter: Global und Detail

Die Metaprogramme global (manchmal auch Überblick genannt) und Detail beschreiben die individuelle Vorliebe und den
Umgang mit der Größe der Information: Nimmt eine Person
eher die Gesamtheit der Informationen wahr oder verarbeitet
sie lieber die konkreten Details?

BEISPIEL

Rita und Volker unterhalten sich beim Mittagessen über das Seminar. Volker ist begeistert, ihm gefällt vor allem der Überblick
zu Beginn. Er schwärmt: »Super, die wichtigsten Themen hat das
Seminar schon aufgegriffen, Herr Groß hält sich nicht mit den ba-
nalen Details auf, kommt gleich zu den Big Points«. Rita hingegen
führt gleich die für sie wichtigen Details an: »Gut, dass die Folien
alle klar gestaltet sind, dass die Übungsanweisungen schriftlich
vorliegen und erklären, was zu tun ist«. In den Unterlagen hat sie
gesehen, dass die Überschriften in Farbe sind. Volker nimmt Sachverhalte anders wahr als Rita. Rita orientiert sich an Details, Volker
schätzt den Überblick und nimmt global die Informationen auf.

Merkmale von Personen mit globalem Informationsfilter

- **Verhalten:** interessieren sich für den Überblick, das große Ganze. Sehen den ganzen Wald und wollen sich weder mit dem einzelnen Baum, noch mit dem einzelnen Ast beschäftigen. Arbeiten gerne konzeptionell und an übergeordneten, strategischen Fragestellungen. Wollen nicht alles wissen, nur das Wesentliche. Bearbeitungen von Detailfragen und Kleinkram langweilen sie. Sie können als Führungskraft gut delegieren und interessieren sich für das Gesamtergebnis, das Ziel, jedoch nicht für den detaillierten Weg. Gehen deduktiv (Top-down) vor: vom Ganzen zum Detail. Präsentieren in nicht linearer Reihenfolge.

- **Wörter/Sprache:** das Wichtigste, im Allgemeinen, die Grundidee, Rahmenbedingungen, Eckpunkte, generell, zusammengefasst lässt sich sagen. Kurze, einfache Sätze, wenig Ausschmückungen.

Merkmale von Personen mit Detailfilter

- **Verhalten:** lieben kleine Informationseinheiten und setzen das Gesamtbild aus den Einzelteilen zusammen. Haben oft auf den ersten Blick Schwierigkeiten, das große Ganze zu sehen. Sie (ver)arbeiten sequenziell – Schritt für Schritt – in einer chronologischen, logischen Reihenfolge. Wird eine Sequenz unterbrochen, beginnen sie häufig wieder von vorne. Dadurch sind sie oft langsamer. Befassen sich gerne mit konkreten Aufgabenstellungen, mögen keine abstrakten Themen. In der Rolle als Führungskraft können sie meist nicht gut delegieren, möchten alles festlegen und die Kontrolle über jedes Detail haben. Sie gehen induktiv (Bottom-up) vor: vom Detail zum Ganzen. Präsentieren in linearer Reihenfolge, Schritt für Schritt.

- **Wörter/Sprache:** zählen auf: erstens, zweitens, davor und danach. Konkret, präzise, im Einzelnen. Schildern ausführlich mit vielen Ausschmückungen, Aufzählungen und Eigenschaftswörtern, nennen Namen von Personen, Gegenständen, Orten. Sie kommen häufig nicht auf den Punkt, weil sie sich in Einzelheiten verlieren.

So erhalten Sie Hinweise auf Informationsfilter

Bei diesem Metaprogramm gibt es keine spezielle Frage, die Hinweise liefert. Es sind die Ausschmückungen in den Antworten, die aufschlussreich sind. Stellen Sie eine allgemeine Frage, z. B. »Wie sieht Ihr Arbeitstag aus?«

Global-Filter-Personen antworten z. B.: »Morgens verschaffe ich mir erst einmal einen Überblick und beginne dann sofort mit den wichtigsten Arbeiten. Im Allgemeinen beschäftige ich mich nur mit den Big Points, den Kleinkram machen die anderen.«

Personen mit Detail-Filter-Programm antworten in einer ausführlichen Aufzählung, z. B.: »Ich habe schon 30 Minuten Autofahrt hinter mir, wenn ich in der Firma ankomme. Dann trinke ich erst mal Kaffee und hole mir alle Informationen und Details für den Tag. Nach der kurzen und meist strukturierten Lagebesprechung mit meinem älteren Kollegen, der schon seit vielen Jahren im Unternehmen ist und den ich sehr schätze, geht es los: Telefonate mit Kunden, dem Chef und der Kollegin, die von zu Hause aus arbeitet, E-Mails, die ersten Anweisungen für meine sehr zuverlässige Sekretärin ...«

Motivationsfilter: Optional und prozedural

Die Metaprogramme des Motivationsgrundes stehen dafür, wie Menschen ihre Aufgaben erledigen: Sucht eine Person immer wieder nach neuen Alternativen, geht sie neue Wege –optional – oder werden bewährte Verfahren und Verhaltensmuster bevorzugt – prozedural.

Merkmale von Personen mit optionalem Motivationsfilter

- **Verhalten:** lieben Vielfalt, Abwechslung und Gelegenheiten, neue und weitere Möglichkeiten auszuprobieren. Hinterfragen bewährte Abläufe und Regeln. Entwickeln neue Verfahren, denn sie gehen davon aus, dass es immer noch besser geht. Motivieren sich durch die Suche nach den Alternativen, fühlen sich eingeengt, wenn sie immer gleiche Prozeduren umsetzen und Regeln einhalten sollen. Vielfalt lieben sie in vielen Bereichen: Im Restaurant bestellen sie die Variationen aus dem Meer. Schreibgeräte in allen Farben, Formen und Größen zieren ihren Schreibtisch.

- **Wörter/Sprache:** Gelegenheiten, eine von vielen Möglichkeiten, Varianten, Auswahl, verbessern, Optionen nutzen, die

Wahl haben, aus dem Vollem schöpfen, neu, unbegrenzt, besserer Weg.

Personen mit prozeduralem Motivationsfilter

- **Verhalten:** bevorzugen und halten sich an bewährte Verfahren, klare Strukturen und Regeln, definierte Prozeduren und Abläufe. Sind überzeugt, dass es einen »richtigen« Weg gibt, der einen klar bestimmten Anfang hat und bis zum Ende der Aufgabe Schritt nach Schritt gegangen werden muss. Abweichungen von Routine, Abläufen und Regeln sind für sie ein Gräuel. Im Arbeitsbereich befindet sich alles an seinem Platz, im Tagesablauf gibt es festgelegte Zeiten für die Aufgaben.

- **Wörter/Sprache:** Verfahren, zuerst und dann, abwickeln, die richtige Methode anwenden, als nächster Schritt, bewährt und erprobt, es genauso machen.

So erhalten Sie Hinweise auf den Motivationsfilter

Fragen Sie: Warum haben Sie diese Variante gewählt? Optionale-Filter-Personen antworten z. B. mit »weil ...« und zählen viele unterschiedliche Kriterien/Werte auf. Prozedurale-Filter-Personen antworten z. B. mit einer Beschreibung, wie es dazu gekommen ist. Sie erzählen eine Geschichte. Häufig sagen sie auch, dass etwas »so passiert« ist, zwangsläufig so gekommen ist, es nicht in ihrer Macht lag.

Vergleichsfilter: Gleichheit und Unterschied

Der Vergleichsfilter zeigt, wie Menschen Beziehungen zwischen Personen, Sachverhalten oder Objekten herstellen. Die Metaprogramme werden auch Matching (Gleichheit/Passung) oder Mismatching (Unterschied/Differenz) genannt.

Merkmale von Personen mit dem Vergleichsfilter »Gleichheit«

- **Verhalten:** stellen bei einem Vergleich das Gleiche oder das Ähnliche heraus, selbst dann, wenn es Hinweise für Unterschiede gibt. Lieben das Beständige und Bekannte und ein stabiles, sich kaum veränderndes Umfeld. Größere Veränderungen (langsam und evolutionär) akzeptieren sie erst nach einer Weile.

- **Wörter/Sprache:** wie immer, gleich/ähnlich, identisch, vergleichbar, genauso wie, gemeinsam, Übereinstimmung, unverändert, statisch, entsprechend.

Merkmale von Personen mit dem Vergleichsfilter »Unterschied«

- **Verhalten:** erkennen die Abweichung und den Unterschied, selbst dann, wenn es Hinweise für Gleichheit gibt. Lieben (revolutionäre) Veränderungen, heben sich von der Masse ab (z. B. exklusive Hobbys und Kleidung), probieren gerne etwas Neues aus, wechseln häufig den Job, das Unternehmen oder auch den Wohnort. Oder sie verändern die Herangehensweise oder die Organisation ihrer Arbeit. Gleiches oder Stabiles empfinden sie als langweilig oder öde.

- **Wörter/Sprache:** verschieden, anders, ungleich, kein/ohne Vergleich, grundverschieden, nicht vergleichbar, einmalig, revolutionär, völlig neu.

Personen mit unterschiedlichen Schwerpunkten

- **Verhalten:** Je nachdem, wo die Präferenz liegt, wird zuerst Gleichheit erkannt und benannt und dann die Abweichung angeführt. Oder eine Person sieht zuerst die Unterschiede und spricht dann die Ähnlichkeit oder Gleichheit (also die Ausnahme von der Unterschiedlichkeit) an.

- **Wörter/Sprache:** gleich, abgesehen von; im Grunde gleich, außer dass; ja, aber. Unterschiedlich, jedoch gleich; anders, jedoch.

So erhalten Sie Hinweise auf den Vergleichsfilter

Fragen Sie: »In welcher Beziehung steht ...?« (nennen Sie einen beliebigen Tatbestand). Beispiel: »In welcher Beziehung steht Ihr aktueller Job zu Ihrer letzten Arbeitsstelle?«

Gleichheit-Filter-Personen verstehen unter »Beziehung« sofort Gleichheit oder Ähnlichkeit und antworten z. B.: »Beide Aufgabenbereiche sind bzw. waren Stabsstellen. Ich hatte ein gut eingespieltes Team mit jeweils 5 Kollegen. Bei beiden Jobs hatte bzw. habe ich sehr viel Freiheiten in Bezug auf die Arbeitsorganisation«.

Unterschied-Filter-Personen interpretieren »Beziehung« nach den Unterschieden und antworten z. B.: »Im aktuellen Job habe ich sehr viel Kontakt mit meinem Vorgesetzten. Wir sprechen täglich die Aufgaben persönlich ab. Im letzten Job war das ganz anders; ich hatte kaum persönlichen Kontakt mit meinem Chef, die Aufgaben wurden auch nicht so detailliert besprochen«.

Personen, die über einen Gleichheit-Filter mit Ausnahmen verfügen, antworten im Hauptsatz: »Bei beiden Jobs konnte bzw. kann ich mich auf meine Kollegen verlassen«, und im Nebensatz oder im zweiten Teil der Antwort: »Früher musste ich viel mehr Berichte und Aktennotizen schreiben«. Bei Personen, die einen Unterschied-Filter mit Ausnahmen aufweisen, ist es genau anders herum. Häufig legen sie Wert auf genau diese Gewichtung.

Kombination der Metaprogramme

Metaprogramme treten in allen Kombinationen und Ausprägungen auf. Einige Kombinationen kommen häufig vor und verstärken sich wechselseitig, so z. B. hin zu und proaktiv sowie weg von und reaktiv. Andere Kombinationen mit starker Ausprägung können auch zu veränderten Verhaltensweisen führen:

- Optional und proaktiv: Die Person ist aktiv auf der Suche nach neuen Möglichkeiten.

- Optional und reaktiv: Die Person erkundet viele Möglichkeiten, tut sich aber mit der Entscheidung schwer.

- Unterschied, Detail und weg von: ausgeprägte Kritikfähigkeit und Wahrnehmungsfähigkeit für kleinste Abweichungen.

- Unterschied, optional und hin zu: Nimmt Fehler und Abweichungen wahr und schlägt viele neue Lösungswege vor.

- Gleichheit und external: Hinterfragt Dinge weniger kritisch, äußert weniger Kritik und legt mehr Wert auf Verbindendes und Harmonie.

Selbsteinschätzung

Für alle Kommunikationsprozesse ist es notwendig, dass Sie sich selbst gut einschätzen und Ihre Metaprogramme mit denen des Gegenübers bewusst in Beziehung setzen. Dabei hilft es, Metaprogramme zu trainieren und zu verändern:

- Wenn Sie Menschen, Verhaltensweisen und Situationen beurteilen, überprüfen Sie: Sind Sie besonders kritisch und rührt dies von unterschiedlichen Metaprogrammen zwischen ihnen und den Beteiligten her? Oder urteilen Sie besonders positiv, weil Ihre Metaprogramme übereinstimmen?

- Trainieren Sie die gesamte Bandbreite der Programme, indem Sie Ihre persönliche Komfortzone verlassen, sich mal ganz anders verhalten. Vermutlich werden Sie ungewohnte Erfahrungen machen.

- Überprüfen Sie, inwieweit Sie in einem anderen Kontext (z. B. in der Freizeit oder als Kunde) gleiche oder andere Filter benutzen. Stellen Sie Unterschiede fest, so können Sie die Kompetenzen, die Sie in einem Kontext haben, auf den anderen übertragen und dort nutzen.

- Wenn Sie sich mit der Einschätzung schwertun: Fragen Sie Menschen, die Sie gut kennen und die gute Wahrnehmungsfähigkeiten haben. Hinweise geben Ihnen auch Ihre Gefühle: Was regt Sie bei anderen Personen auf oder verwundert Sie? Häufig ist der Grund dafür, dass Sie sich an entgegengesetzten Polen befinden.

Auf einen Blick: Effektive Methoden für den Beruf

- Im NLP bezeichnet Rapport den respektvollen Kontakt und Umgang mit dem Gesprächspartner. Er ist die unverzichtbare Basis, um Lösungen und Veränderungen herbeizuführen.

- Mit präzisen Fragen entdecken Sie, was sich hinter Tilgungen, Verzerrungen und Generalisierungen verbirgt.

- Sprachbilder wirken aktivierend und motivierend. Sie fokussieren den Gesprächspartner, sie erhellen oder erklären. Und Sie können damit leicht und nachhaltig Rapport zum Gesprächspartner herstellen.

- Metaprogramme sind persönliche Landkarten der Welt. Sie bestimmen, welche individuellen Denk- und Handlungsweisen wir bevorzugen, wie wir mit uns selbst umgehen und wie wir mit anderen interagieren.

- Mit Hilfe von Metaprogrammen können Sie sich selbst und andere besser einschätzen und im Gespräch Rapport herstellen.

In der Mitarbeiterführung

Rapport herstellen, Metaprogramme kennen und darauf eingehen, in Bildern sprechen – diese Werkzeuge leisten Ihnen in der täglichen Führungsarbeit wertvolle Hilfe.

In diesem Kapitel lesen Sie,

- wie Sie Metaprogramme nutzen können, um sich selbst und Ihre Mitarbeiter besser einzuschätzen,

- wie Sie die NLP-Werkzeuge in Mitarbeitergesprächen anwenden,

- wie Sie einzelne Mitarbeiter und Ihr Team mit den NLP-Methoden unterstützen, entwickeln und coachen können.

Wichtig für Führungskräfte: Begegnung und Selbstreflexion

Die Grundvoraussetzungen, damit Kommunikation gelingt, sind das gegenseitige Verstehen, das Sprechen ohne »Dolmetscher«, die Akzeptanz der Andersartigkeit und das Andocken und sich Begegnen in der Sprach- und Denkwelt des Gegenübers. Im Gespräch sind Pacing (z.B. aktiver Rapport durch Verwendung der gleichen Metaprogramme) und Leading (Mitnehmen des Mitarbeiters in neue Denk- und Handlungsweisen durch genaue Beobachtung und Kommunikation) gut einsetzbar. Im Bereich der schriftlichen Kommunikation z.B. bei Anweisungen, Anleitungen und Rundschreiben ist wichtig, dass die Bandbreite der Metaprogramme verwendet wird.

Selbstreflexion

Häufig messen wir andere Menschen an unserer Sicht der Welt und unseren individuellen Denk- und Arbeitsstilen. Bei sehr vielen Aufgaben und Fragestellungen gibt es jedoch Spielräume und alternative Lösungswege. Für eine Führungskraft gilt daher: Denken Sie weniger in den Kategorien »richtig« und »falsch«. Prüfen Sie vielmehr, was die gestellte Aufgabe verlangt hat, ob das Ziel angemessen erreicht wurde und persönliche Ressourcen genutzt wurden. Das erhöht die Freiheitsgrade und die Flexibilität sowohl bei Ihnen als Vorgesetzter als auch bei Ihren Mitarbeitern. Auch Führungskräfte sind nicht immer das Maß aller Dinge.

So manche Verhaltensweise speist sich aus unterschiedlichen Metaprogrammen. So geben beispielsweise Vorgesetzte mit einem ausgeprägten internalen Referenzfilter seltener Feedback, da sie selbst wenig oder gar kein Lob oder keine Kritik brauchen bzw. schätzen.

Wenn Sie Mitarbeiter oder ein Team führen, beachten Sie, dass Menschen mit externalem Referenzfilter laufend Feedback brauchen. Von außen vorgegebene Kriterien, Standards und Beurteilungen sind für diese Personen eine wichtige Motivation.

Kennen Sie Ihre Mitarbeiter?

Immer dann, wenn Sie den Wunsch bzw. die Aufgabe haben, Mitarbeiter besser einzuschätzen, ihr Verhalten und Denken zu verstehen, können Sie NLP-Werkzeuge anwenden.

So erkennen Sie Metaprogramme in Aussagen

Beginnen Sie mit einer Übung: In der folgenden Tabelle geben die Aussagen Hinweise auf jeweils ein Metaprogramm. Schreiben Sie in die Spalte dahinter, um welches es sich handelt. Insgesamt sind es 12 Metaprogramme:

1. Hin zu
2. Weg von
3. Internal
4. External

5. Proaktiv

6. Reaktiv

7. Global

8. Detail

9. Optional

10. Prozedural

11. Gleichheit

12. Unterschied

Aussage		Metaprogramm
1	Bevor ich mich entscheide, möchte ich mir Überblick verschaffen.	
2	An den Zahlen sehe ich sofort, dass dieser Weg richtig war.	
3	Die zwei Jobs lassen sich nicht vergleichen.	
4	Was ich gleich erledigen kann, das packe ich sofort an.	
5	Es ist mir wichtig, dass es in meinem Arbeitsbereich nicht langweilig ist.	
6	Mich regt die Fliege an der Wand auf.	
7	Ich habe die Möglichkeit, in meiner Arbeit immer etwas dazuzulernen.	
8	Positive Bewertungen sagen mir, dass ich es gut gemacht habe.	
9	Ich geh nicht zum Schmidtchen, sondern gleich zum Schmidt.	
10	Mein Bauchgefühl sagt mir, dass diese Entscheidung richtig ist.	
11	Morgens sortiere ich meine Aufgaben.	

Aussage		Metaprogramm
12	Unsere Preise sind unverändert.	
13	Bevor ich da Schnellschüsse mache, warte ich lieber noch.	
14	Das ist nur eine von vielen Möglichkeiten, die Sie wählen können.	
15	Ich bin froh, dass Sie kein Chef sind, der mich dauernd kontrolliert.	
16	Als nächsten Schritt schlage ich vor, uns genau an die Vorgaben zu halten.	
17	Ich warte nicht lange, ich probiere es einfach aus.	
18	Zusammengefasst sind drei Punkte wichtig.	
19	Wir sollten jedes einzelne Element prüfen.	
20	Studien und Umfragen belegen eindeutig, dass ich recht habe.	
21	Dieses neue Verfahren ist nicht vergleichbar mit dem vorherigen.	
22	Ich warte erst einmal ab, was die Kollegen vorschlagen.	
23	Die Welt ist voller Chancen.	
24	Im Kundengespräch suche ich nach Gemeinsamkeiten.	
25	Ich bin zufrieden, weil ich nicht viel Zeit mit einer langen Anfahrt verschwende.	
26	Ein genauer Ablaufplan gibt mir Sicherheit.	
27	Ich kann mich auf meine persönliche Einschätzung verlassen.	
28	Erfolge und das Erreichen meiner Ziele motivieren mich.	

Lösung

- Hin zu: 7, 28
- Weg von: 5, 15, 25
- Internal: 2, 10, 27
- External: 8, 20
- Proaktiv: 4, 17
- Reaktiv: 13, 22
- Global: 1, 9, 18
- Detail: 6, 19
- Optional: 14, 23
- Prozedural: 11, 16, 26
- Gleichheit: 12, 24
- Unterschied: 3, 21

So erhalten Sie ein differenziertes Bild Ihrer Mitarbeiter

Versuchen Sie, im Laufe der Zeit und in verschiedenen Kontexten Informationen über die Metaprogramme Ihrer Mitarbeiter zu sammeln. Beachten Sie deren

- Organisation und Planung der Arbeitsaufgaben sowie Präferenzen für bestimmte Aufgaben,
- individuelle Lösungsstrategien,

- Verhalten in der Zusammenarbeit und im Team,

- Verhalten bei unterschiedlichen Gesprächsanlässen,

- Verhalten beim Umgang mit Anweisungen, Regeln oder Feedback,

- Sprache – Satzstruktur, Grammatik und Verwendung von Wörtern und Formulierungen.

BEISPIEL

Aus den folgenden Schilderungen der vier Teilnehmer/innen einer Weiterbildung erkennen Sie, welches Metaprogramm verwendet wurde:

(A) »Das Seminar war genauso aufgebaut wie das letzte. Die Seminarzeiten waren gleich. Die anderen Teilnehmer haben die gleichen Probleme wie wir. Kunden sind überall gleich.«

(B) »Das Seminar war ganz anders, da Herr Groß neue Seminarmethoden ausprobiert hat. Die anderen Teilnehmer gehen ihre Arbeit ganz anders an, naja, die Kunden sind von Region zu Region halt auch sehr unterschiedlich.«

(C) »Die Inhalte passten wie immer, wenngleich wir auch wieder Neues gelernt haben. Die anderen Teilnehmer haben ja gleiche oder ähnliche Probleme und Aufgabengebiete wie wir, aber es sind viel mehr Leute in deren Abteilung.«

(D) »Das Seminar war dieses Mal anders, wir hatten einen anderen Raum und andere Teilnehmer. Es gab neue Seminarmethoden, aber Herrn Groß' Steckenpferd – die Rollenspiele – durften wir wieder genießen. Die Teilnehmer aus den anderen Betrieben haben ganz andere Vorgaben als wir, müssen aber auch so wie bei uns im Betrieb häufig Überstunden machen.«

A: Gleichheit. B: Unterschied. C: Gleichheit mit Ausnahme.
D: Unterschied mit Ausnahme.

> Wenn Sie Metaprogramme bei Ihren Mitarbeitern erkunden wollen, so achten Sie auf den Kontext. Denn häufig unterscheiden sich die Filter auch danach: So kann eine Mitarbeiterin begeistert vom Urlaub berichten (z. B. proaktiv, global und Gleichheit), im Job jedoch deutliche Präferenzen für reaktiv, Detail und Unterschied zeigen.

Mitarbeiter mit ausgeprägten Metaprogrammen

Die Ausprägungen der Metaprogramme bewegen sich auf einer Skala von 0 bis 100. Es kommt immer wieder vor, dass sich einzelne Personen an einem Ende der Skala befinden. Das hat den Nutzen, dass die Vorteile eines Filters voll zum Tragen kommen, und den Nachteil, dass die Vorzüge des anderen Pols unter den Tisch fallen.

BEISPIEL

Bei Menschen mit hoher Ausprägung des externalen Referenzfilters kann die einfache Frage »Wann können Sie das erledigen?«, zu hektischen Aktivitäten, Rechtfertigungen und Schuldgefühlen führen. Denn sie hören nicht die Frage nach dem Erledigungstermin, sondern eine Kritik und die Anweisung, die Sache sofort zu erledigen

Auch Konflikte im Team und schwierige Situationen mit Externen, z. B. mit Lieferanten und Kunden, haben häufig ihren Ursprung in einer solchen Einseitigkeit.

Mitarbeiter entwickeln

Für Sie als Führungskraft ist die Entwicklung der Fähigkeiten der Ihnen anvertrauten Mitarbeiter und Mitarbeiterinnen eine zentrale Aufgabe. Folgende Möglichkeiten bieten sich dazu an:

- Führen Sie viele Einzelgespräche, in denen Sie offen Feedback geben, damit Sie die Metaprogramme eines Mitarbeiters kennenlernen und dieser wiederum seine Metaprogramme bewusst wahrnimmt.

- Zeigen Sie Ihrem Mitarbeiter auf, wo der ausgeprägte Filter nützlich ist, also beibehalten werden soll, und wo dies nicht der Fall ist. Nennen Sie konkrete Beispiele, beschreiben Sie Situationen und Verhaltensweisen.

- Benennen Sie klar, was Sie vom Mitarbeiter erwarten und offerieren Sie ihm Hilfestellung, z. B. Coaching, Weiterbildung, Lernpartner im Betrieb.

- Bieten Sie dem Mitarbeiter Aufgaben an, die neu für ihn sind und bei denen er seine persönliche Komfortzone verlassen muss.

Akzeptanz von Entscheidungen erhöhen

BEISPIEL

Petra Müller ist seit über fünf Jahren in einem inhabergeführten Familienhotel beschäftigt. Früher arbeitete sie in verschiedenen Hotelketten und musste jeweils nach Umstrukturierungsmaßnahmen erhebliche Einbußen in Kauf nehmen oder das Unternehmen verlassen. Seither hat sie Angst vor Veränderungen in ihrem Arbeitsbereich. Die Hotelinhaberin Frau Berger weiß um diesen Umstand und will in einem Gespräch offen und ehrlich über anstehende Maßnahmen und Neuorganisationen im Hotel informieren. Sie möchte Frau Müllers Ängste abbauen und deren Akzeptanz für notwendige Maßnahmen erhöhen.

Frau Berger wählt als Methode eine Metapher, die an die private Welt von Petra Müller anknüpft. Frau Müller ist zuhause sehr experimentierfreudig, stellt häufig Möbel um, dekoriert immer wieder je nach Jahreszeit und Saison neu und hat nach Auszug ihres Sohnes auch die Zimmernutzung komplett umgestaltet.

Die Hotelchefin knüpft daran an und wählt die Metapher »öfter mal was Neues«. Sie lässt Frau Müller dann selbst erzählen, welche Vorteile eine Neu- oder Umgestaltung, eine neue Nutzung von Räumen hat. Dann zieht sie Vergleiche und Analogien zu den Anforderungen im Hotelbetrieb, die neue Marktsituation (analog zu neuer Familiensituation), andere Anforderungen (analog zu neuer Dekoration), neue Methoden und Sichtweisen (analog dazu, dass neue Möbel einen ganzen Raum verändern können). Frau Berger sichert zu, dass »das Haus« von Frau Müller gleich bleiben wird bzw. sogar »noch wohnlicher und praktischer in der Nutzung« sein wird. Damit drückt sie aus, dass das Hotel und der Arbeitsplatz erhalten bzw. noch optimiert werden. Sie erleichtert mit dieser Analogie Frau Müller den Zugang zu den Veränderungen im Hotel.

Betrachten wir das Beispiel von zwei Seiten:

- Welche Vorteile bietet die Wahl einer Metapher?

- Was wäre passiert, wenn Frau Berger gleich das Thema Umstrukturierung aufgegriffen hätte?

Übersicht: Vorteile und Nachteile

Metapher »bei Frau Müller zu Hause«	Ohne Metapher – sofort Umstrukturierungsthema
Anknüpfen an der privaten Lebenswelt. Sie kann sich freier äußern, erst einmal unbelastet.	Anknüpfen an den Ängsten der Vergangenheit, sie kann dadurch blockiert im Denken und Bewerten sein.
Positive Emotionen zur Metapher, wenig/keine Emotionen zum Thema.	Negative Emotionen zum Thema.
Assoziiert im privaten Bereich, dissoziiert zum Thema Neuerungen.	Assoziiert zu den Gefühlen aus früheren Erfahrungen, assoziiert zu den anstehenden Maßnahmen.
Frau Müller kann selbst erzählen und kann im besten Fall selbst Analogien erkennen.	Frau Müller kann zum aktuellen Thema kaum etwas beitragen, verweist auf ihre schmerzhaften Erfahrungen.
Es fällt leichter Akzeptanz zu erzielen, Energie wird für den positiven Transfer verwendet.	Akzeptanz schwieriger zu erreichen, Energie wird für Angstabbau und kognitive Argumentation verwendet.

Die Dissoziation zum Bearbeitungsthema schafft Distanz und ermöglicht eine Art Probedenken auf eine nicht bedrohliche Art und Weise und in einem ungefährlichen und bekannten Gebiet.

> Viele Menschen äußern sich freier, wenn sie in der Metapher sprechen als im eigentlichen Hauptthema.

Mitarbeiter coachen

Coachinggespräche bieten sich in vielen Bereichen an:bei der Mitarbeiterführung, Einarbeitung, zur Unterstützung der Führungskräfte und im Aus- und Weiterbildungsbereich. Auch bei solchen Anlässen können Sie die Methoden des NLP anwenden. Hier ein Beispiel für die Nutzung eines Vergleichs in einem Gespräch zwischen Ausbilderin und Auszubildendem.

BEISPIEL ▬▬▬▬▬▬▬▬▬▬▬▬▬▬▬▬▬▬▬▬▬▬▬▬

Gudrun Langer (GL) ist Ausbilderin von Peter Berg (PB), der eine Ausbildung zum Einzelhandelskaufmann absolviert. In einem der regelmäßig stattfindenden Coachinggespräche greift sie Äußerungen von Peter auf. Hier einige Sequenzen aus dem Gespräch:

GL: »Herr Berg, ich habe vor Kurzem mitbekommen, wie Sie sich über unsere Kunden geäußert haben. Sie haben sie als störend bei Ihrer Arbeit empfunden und einen sehr interessierten Kunden, der sich von Ihnen ausführlich beraten lassen wollte, als «Patient» und «krank» bezeichnet.«

PB: »Ja, stimmt. Es stört mich, wenn immer wieder einer kommt, wenn ich gerade die Kartons auspacke und dann noch so viel fragt, obwohl alles doch auf den Plakaten steht.«

GL: »Ich möchte mit Ihnen über ein angemessenes Kundenbild sprechen. Denn wenn wir Kunden so empfinden und wir bei dem Bild der Störung bleiben, dann sollte sich der Kunde wohl entschuldigen oder besser wegbleiben. Das Bild des Patienten – als kranken, hilfsbedürftigen Menschen, der eine Behandlung braucht – trifft auf unsere Kunden ja wohl nicht zu.«

PB: »Naja wenn Sie es so sehen, haben Sie recht.«

GL: »Lassen Sie uns einen Vergleich ziehen. Wenn Sie an Ihre Familie denken und Sie haben zu Hause Gäste: Wie ist das dann, was machen Ihre Eltern, Geschwister oder Sie selbst, z. B. zur Vorbereitung auf den Besuch?«

PB: »Als Erstes machen wir einen Plan, was es zu Essen gibt, dann muss die ganze Wohnung aufgeräumt und alles geputzt werden, damit wir gut dastehen und unsere Verwandtschaft nicht schlecht über uns spricht. Blumen kommen auf den Tisch, und Mutter will, dass wir andere Klamotten anziehen.«

GL: »Und wenn die Gäste da sind, was ist dann? Wie behandeln Sie den Besuch, wenngleich Sie ihn ja nicht eingeladen haben oder Sie nicht immer begeistert sind?«

PB: »Naja, wir unterhalten uns, unsere Gäste sprechen viel von sich oder sie fragen uns Kinder aus. Ich erzähle ein bisschen von meiner Arbeit und wir essen gemeinsam. Manchmal wird es auch nett und lustig. Ich spiele mit, damit nichts schiefläuft – meiner Familie und dem Besuch ist das halt wichtig.«

GL: »Lassen Sie uns nun gemeinsam anschauen, was das Beispiel der Gäste mit unseren Kunden zu tun hat. Wo sehen Sie Parallelen?«

Es fällt Peter Berg nicht schwer, die Analogien zum Thema Besuchsvorbereitungen und Gästebewirtung in der Familie und Vorbereitung und Einkauf im Einzelhandelsgeschäft zu ziehen. Auch das Verhalten gegenüber Gästen kann er gut auf das Verhalten im Kundenkontakt übertragen. Der Ausbilderin gelingt es so, dass Herr Berg über das negative Kundenbild (Patient, Störenfried) nachdenkt. Und dass er selbst gefordert ist, das andere, positivere Bild »Kunden sind unsere Gäste und willkommen« anzunehmen und umzusetzen.

Wenn Sie Mitarbeiter coachen, sollten Sie folgende Kriterien im Auge behalten:

- **Lassen Sie den Mitarbeiter die Metapher selbst wählen.** Der Mitarbeiter bzw. sein Unterbewusstes weiß, welche Metaphern nützlich sind.

- **Bieten Sie eine Auswahl an:** Tut sich der Mitarbeiter schwer, ist er ungeübt und noch nicht so vertraut mit sprachlichen Bildern, so bieten Sie eine breite Auswahl an.

- **Visualisieren Sie:** Farbige Stifte und Papier sowie visuelle Medien unterstützen den Prozess.

- **Lassen Sie sich Zeit:** Das Unbewusste braucht manchmal für die Suchprozesse Zeit. Die Entwicklung des »Vollbildes« erfolgt in Stufen.

- **Nehmen Sie Aussagen wörtlich:** Als Einstieg können Sie auch eine Metapher wörtlich nehmen. Beispiel: »Ich will die Ernte einfahren« – »Was genau ernten Sie?« oder »Welches Fahrzeug benutzen Sie für die Ernte?«

- **Nutzen Sie alle fünf Sinne:** Der Zugang mit allen fünf Sinnen erhöht meist die emotionale Beteiligung des Mitarbeiters. Er bekommt Zugang zu seinen Ressourcen und zu neuen Sichtweisen.

BEISPIEL ▪▪▪▪▪▪▪▪▪▪▪▪▪▪▪▪

Im Gespräch mit einer neuen Mitarbeiterin erkennt der Vorgesetzte, dass ihr visueller Sinn stark ausgeprägt ist. Auch bei Kunden sieht sie viel. Das Zuhören fällt ihr schwer. Im Coachinggespräch wendet er die Pacing- und Leading-Technik an, indem er die Aussage »Ich sehe den Kunden deutlich vor mir, seine Körpersprache und seine schnellen Bewegungen« wiederholt. Dann fügt er mit einem »während« Sätze an, die Zugang zu einem anderen Sinnessystem schaffen: »Während Sie den Kunden deutlich vor sich sehen, seine Körpersprache und seine schnellen Bewegungen, was könnten Sie da hören, was sagt der Kunde?«

Entwickeln Sie für solche Gespräche eine Art Repertoire, auf das Sie zurückgreifen können. Sammeln Sie Bildmaterial wie z. B. Postkarten, Kalenderblätter oder auch Cartoons und Comics. Sie sind geeignet, schnell und direkt eine Botschaft zu übermitteln bzw. hilfreiche Verknüpfungen herzustellen.

BEISPIEL ▪▪▪▪▪▪▪▪▪▪▪▪▪▪▪▪

Achten Sie bei Bildern auf eine große Auswahl. Wählen Sie z. B. unterschiedliche Farben (bunt, einfarbig, schwarz-weiß) und unterschiedliche Inhalte: verschiedene Gegenstände aus dem Alltag, Einzelpersonen und Gruppen, Tiere, Landschaften, Kunstwerke, Firmenlogos, Bekanntes und Unbekanntes. Auch Zitate oder einzelne Wörter regen die Fantasie und die Suchprozesse im Gehirn an.

Teams leiten und zur Konfliktlösung anregen

Auch bei der Zusammenstellung von Teams, dem Teambuilding und der Verbesserung der Arbeitsfähigkeit eines Teams können Ihnen sprachliche Bilder und Metaprogramme nützlich sein.

Teamdiagnose mit der Bootsmetapher

Die Bootsmetapher wird häufig zur Teamdiagnose verwendet. Da heißt es beispielsweise: »Wir müssen alle Mitarbeiter und Mitarbeiterinnen ins Boot holen.« Jedoch werden dabei meist nur zwei Varianten betrachtet: »im Boot« und »draußen an der Anlegestelle«. Wenn Sie das Bild vor Ihrem inneren Auge entstehen lassen, dann erkennen Sie, dass es mehr als diese zwei Möglichkeiten gibt.

Ziel ist es, mithilfe der unterschiedlichen Stadien des Einsteigens in das Boot und des unterschiedlichen Verhaltens der Mitarbeiter beim Rudern einen Vergleich zur realen Situation im Team herzustellen. So gehen Sie vor:

Schritt für Schritt: Teamdiagnose	
1.	Nehmen Sie einen großen Bogen Papier (mindestens DIN A4) und skizzieren Sie ein Ruderboot und den Bootssteg am Ufer.
2.	Dann skizzieren Sie anhand einer fiktiven Person acht unterschiedliche Situationen, die zum Einsteigen, Losfahren und Rudern gehören: (1) Person geht zum Steg,

	Schritt für Schritt: Teamdiagnose
	(2) steht vor dem Boot,
	(3) steigt ein – ein Bein außen, eines im Boot,
	(4) steht im Boot,
	(5) setzt sich hin,
	(6) nimmt das Ruder auf,
	(7) rudert mit unterschiedlicher Schlagzahl,
	(8) rudert mit gleicher Schlagzahl.
3.	Erst dann vergleichen Sie mit Ihren Teammitgliedern: Wer befindet sich an welchem Platz? Schreiben Sie die Namen dazu. Überlegen Sie: Aus welchem Grund? Ist der Platz für diesen Mitarbeiter angemessen?

Das Ziel eines jeden Teams muss es sein, dass alle Teammitglieder eingestiegen, sitzend, mit gleicher Schlagzahl auf das Ziel hin rudern. Was können Sie als Vorgesetzte tun, um Schwierigkeiten mithilfe der Metapher aus dem Weg zu räumen oder einzelne Teammitglieder zu unterstützen? Eine Möglichkeit ist, mit Störungen während der Fahrt zu arbeiten: Wer kommt aus dem Takt? Wer hört auf zu rudern und wer steigt gerade aus (innere und äußere Kündigung)?

Teamzusammenstellung mit Metaprogrammen

Wenn aufgrund von persönlichen Präferenzen oder aufgrund der Anforderung an eine Stelle im Team bestimmte Metaprogramme vorhanden sind, kann es wichtig sein, das Gegengewicht ins Team zu holen. Dadurch vermeiden Sie Einseitigkeit, gleichen die jeweiligen Schwächen anderer Filter aus und bereichern das Team durch zusätzliche Kompetenzen. Die Checkliste liefert Ihnen Hinweise darauf, welche Metaprogramme in Ihrem Team bzw. bei den Teamaufgaben von Bedeutung sind.

Checkliste: Teamaufgaben und relevante Metaprogramme

Fragestellung	Ja	Nein
Arbeiten wir konzeptionell und an strategischen Aufgaben? (global)		
Haben wir konkrete Aufgabenstellungen? (Detail)		
Besteht ein Großteil der Aufgaben in Routineaufgaben? (Gleichheit)		
Sind die Gegebenheiten wechselnd, immer wieder neu oder anders? (Unterschied)		
Baut ein Schritt auf dem anderen auf? (prozedural)		
Müssen Regeln und klar definierte Verfahren eingehalten werden? (prozedural)		
Gibt es immer wieder neue Anforderungen? (optional)		
Haben wir in der Gestaltung Freiräume? (proaktiv)		
Brauchen wir schnelle Entscheidungen? (proaktiv)		
Müssen Fakten und Sachverhalte beobachtet, geprüft und analysiert werden? (reaktiv)		
Sind viele Arbeitsfelder durch firmeninterne Vorgaben bestimmt? (reaktiv)		
Legen wir selbst die Ziele und Beurteilungsmaßstäbe fest? (internal)		
Kommen die Anforderungen von außen und werden sie von dort beurteilt? (external)		
Entscheiden andere, z. B. der Kunde, über unseren Erfolg? (external)		

Fragestellung	Ja	Nein
Gibt es fest definierte Terminvorgaben? (hin zu)		
Liegt der Fokus in der Gestaltung zukünftiger Prozesse? (hin zu)		
Sind Kontrolle und Prüfung die Hauptaufgabe? (weg von)		
Bestehen unsere Aufgaben in der Sicherung der Qualität? (weg von)		
Liegt der Fokus auf der Bewertung vergangener Abläufe? (weg von)		

Konflikte analysieren und zur Lösung anregen

Häufig stellen Führungskräfte, Moderatoren und Mediatoren fest, dass es bei Konflikten weniger um Sachfragen oder unterschiedliche Zielsetzungen geht. Immer wieder zeigt sich, dass kommunikative Missverständnisse der Auslöser für Konflikte waren. Unterschiedliche Sicht- oder Herangehensweisen an die gleichen Fakten oder Aufgaben trüben den Blick auf die inhaltliche Übereinstimmung.

BEISPIEL

Das fünfköpfige Vertriebsteam versucht die immer wieder auftretenden Reibereien und Schuldzuweisungen in einem Gespräch zu lösen. Vier Mitarbeiter sind hauptsächlich im Außendienst und Frau Schwarz ist im Innendienst tätig. So kommunikativ und erfolgreich die Außendienstler beim Kunden sind, so wenig gelingt es ihnen zu erkennen, woran die Kommunikation nach innen scheitert. Aussagen wie »Fang schon mal an; die restlichen Kundendaten bringe ich dann das nächste Mal mit«, oder »Lass das doch jetzt so, das geht doch nicht so genau«, lassen Frau Schwarz verzweifeln. Und die Außendienstler schütteln den Kopf, wenn der Innendienst »mal wieder alles komplett auf einmal haben will« oder Frau Schwarz das Argument »es muss alles seine Ordnung haben und ich werde nach dem bewährten Prinzip verfahren« anführt. Hier treffen die Metaprogramme optional und global (Außendienst) und prozedural und Detail (Innendienst) aufeinander.

Sie können als Führungskraft zur Klärung und Lösung dieses Konflikts beitragen, indem Sie den Mitarbeitern dabei helfen, sich ihre Metaprogramme bewusst zu machen und sie zu analysieren. Als Vorgesetzter können Sie an zwei Punkten ansetzen.

1. **Selbstreflexion:** Regen Sie jeden Mitarbeiter dazu an, seine persönlichen Metaprogramme zu reflektieren, die Metaprogramme der anderen Personen wahrzunehmen und zu den eigenen in Relation zu setzen. So können die Mitarbeiter Unterschiede und das Konfliktfeld wahrnehmen.

2. **Teamgespräch:** Klären Sie in einem gemeinsamen Gespräch, wann und wo persönliche Präferenzen in Ordnung sind und in welchen Fällen die Struktur im Betrieb (also das Metaprogramm passend zu Abteilung/Aufgabe) Vorrang hat.

BEISPIEL

In kurzen Einzelgesprächen gibt der Vertriebsleiter ein Feedback und erarbeitet gemeinsam mit dem jeweiligen Mitarbeiter die individuellen Metaprogramme. Ebenso sind die Verhaltensweisen und Aussagen anderer Teammitglieder Gegenstand der Analyse. Im Teamgespräch werden dann unterschiedliche Sicht- und Herangehensweisen beleuchtet und bewertet. Ebenso ist dort Thema, welche Anforderungen die jeweilige Aufgabe hat. So müssen z. B. alle Kundendaten zu einem bestimmten Datum vorhanden sein, können aber in Einzelaktionen sukzessive geliefert werden. Die relevanten Kundendaten lassen sich nicht immer in einem Block liefern, Kundenberatung geht vor Verwaltungsaufgaben. Durch das Verständnis der unterschiedlichen Anforderungen an betriebliche Aufgabenfelder löst sich der Konflikt: Frau Schwarz akzeptiert, dass die Daten nicht gebündelt kommen, und die Außendienstleute erkennen, dass die vollständige Dateneingabe zur Sicherung der Kundenlieferungen notwendig ist. Sie verpflichten sich, das Enddatum einzuhalten.

Extra: Stellenprofile erstellen und Bewerber auswählen

Auch im Personalauswahlprozess kann das Wissen um die Metaprogramme sehr gut eingesetzt werden. Die Metaprogramme der Bewerber sollten in weiten Bereichen passend zu den Anforderungen an die zu besetzende Stelle sein. Jede Stellenbeschreibung und jedes Aufgabenprofil – und damit die Anforderung an einen Bewerber oder Stelleninhaber – gewinnen an Aussagekraft, wenn die für die Position erforderlichen und passenden Metaprogramme erkannt und benannt werden.

BEISPIEL

Volker Gruber ist zuständig für die Produktentwicklung und die Erschließung neuer Absatzmärkte. Er kann in seinem Job seine ausgeprägte Fähigkeit, bestehende Produkte zu verbessern und neue Wege und Optionen zu denken und auszuprobieren, gut einsetzen. Er schätzt besonders die Freiräume, die er hat, sowie die

Aufbauarbeit, die er für das Unternehmen leisten kann. Volkers Metaprogramm: optional.

Rita Lange arbeitet in der Verwaltung. Sie liebt es, nach vorgegebenen Verfahren sowie nach klar beschriebenen und bewährten Vorgehensweisen zu arbeiten. Sie überwacht Zahlungseingänge, kontrolliert Rechnungen und ist zuständig für das Mahnwesen. Besonders hilfreich empfindet sie fest definierte Abläufe und Hilfsmittel, wie z. B. die Musterbriefe für säumige Kunden. Ritas Metaprogramm: prozedural.

Volker Gruber und Rita Lange sind also genau richtig dort, wo sie sind. Das Profil oder eine Neuausschreibung der jeweiligen Stelle sollte genau diese Merkmale des Metaprogramms »optional« bzw. »prozedural« enthalten.

Stellenausschreibung

Design, Aufbau, Inhalte und Wording in einer Stellenanzeige sollten die vom Bewerber geforderten Metaprogramme vermitteln. Sind für Stellenanforderungen »gemischte« Filterprogramme (z. B. im Verhältnis 40 % : 60 %) wichtig, so können beide Programme eingesetzt werden. Gibt es klare Schwerpunkte, so sollten sich die passgenauen Inhalte in den Formulierungen wiederfinden.

BEISPIEL

Formulierungen wie z. B. »Gestalten Sie Ihre Karriere«, »Machen Sie einen ersten Schritt«, »abteilungsübergreifende Projektarbeit«, »vielfältige Aufgaben«, »Starten Sie durch« »Informieren Sie sich am Telefon« sprechen proaktive, hin-zu- und optionale Bewerber an (z. B. für Beraterpositionen).

Ganz anders sollte die Anzeige für eine Stelle im Bereich Buchhaltung und Controlling lauten. Formulierungen wie z. B. »detaillierte Kenntnisse«, »analytische Fähigkeiten« und »exakte Arbeitsweise«, eine Aufzählung der erforderlichen Kompetenzen und der umfangreichen Leistungen des Betriebes mit der Bitte um »Zusendung der vollständigen und aussagekräftigen Unterlagen« sprechen Bewerber und Bewerberinnen mit Präferenzen für weg von, prozedural, reaktiv an.

Bewerberauswahl

Bei der Bewerberauswahl geben die Wege der Kontaktaufnahme, eine Überprüfung der Bewerbungsunterlagen, z. B. Vollständigkeit, Anschreiben, Gestaltung, und das persönliche Interview vielfältige Hinweise auf Metaprogramme. Im Vorstellungsgespräch und/oder im Assessment-Center lassen sich NLP-Methoden gut einsetzen.

- Rapportaufbau: Andocken an den Bewerber bzw. die Bewerberin durch Verwendung der präferierten Filter.

- Einstieg durch offene Fragen z. B. »Welche Aufgaben hatten Sie ...?«, »Was hat Sie veranlasst ...?«.

- Detailfragen, um den Bewerber besser zu verstehen, um zu prüfen, inwieweit der Bewerber in das Team und zu einer Aufgabe passt: »Beschreiben Sie Ihre Vorgehensweise« (Informationsfilter und Handlungsfilter), »Woher wissen Sie, dass Sie eine Aufgabe gut gelöst haben?« (Referenzfilter), »Warum ist Ihnen das wichtig?« (Richtungsfilter).

Überprüfen Sie den ersten Hinweis auf ein bestimmtes Metaprogramm gezielt mit Fragen und Formulierungen, die den vermuteten Filter verwenden. Je mehr Sie an »Material« zur Verfügung haben, je mehr Sie Ihren Gesprächspartner zu Wort kommen lassen und auch auf die Nebensätze (vor allem mit der Einleitung »aber«), Ergänzungen und Einschübe achten, desto sicherer werden Sie in der Einschätzung.

Metaprogramme für unterschiedliche Berufe

Es gibt nützliche und weniger nützliche Metaprogramme für bestimmte Aufgaben, Berufe und Kontexte.

Übersicht: Filter und berufliche Tätigkeiten	
Filter	**Eigenschaften – Berufe und Tätigkeiten**
hin zu	**Herausforderungen meistern:** Führungsposition, Projektmanagement, Präventivmedizin, Design, Vertrieb, Beratung
weg von	**Fehler vermeiden, Kontrolle:** Qualitätssicherung, Verwaltung, Buchhaltung, Schulmedizin, Sicherheit, Versicherung
internal	**Eigener Referenzrahmen:** Management, Führung, Künstler, Unternehmer, Selbstständige, Arzt, Lehrer
external	**Äußerer Referenzrahmen:** Verkauf, Kundenservice, Gast- und Hotelgewerbe, Backoffice
proaktiv	**Aktiv handelnd:** Vertrieb, Marketing, PR und Presse, Führungspositionen, Projektleitung, Unternehmer
reaktiv	**Abwartend und prüfend:** Innendienst, Empfang, Forschung, Backoffice, Buchhaltung und Controlling

Übersicht: Filter und berufliche Tätigkeiten	
Filter	**Eigenschaften – Berufe und Tätigkeiten**
global	**Das große Ganze im Blick:** Management, Entwicklung, Strategie, Personalentwicklung, Unternehmer, Politiker
Detail	**Kleine Informationseinheiten im Blick:** Sicherheits-/ Kontrollaufgaben, Labor, Verwaltung, Eventmanagement, Reinigungskraft
optional	**Auswahlmöglichkeiten:** Aufbau und Entwicklung, Beratung, innovative Projekte
proze-dural	**Verfahren:** Linienaufgaben, Verwaltung, Sachbear-beitung, Buchhaltung, Produktion
Gleich-heit	**Übereinstimmung:** Positionen mit hoher Kunden-orientierung, Routineaufgaben, Verwaltung, Fertigung
Unter-schied	**Differenzen wahrnehmen:** Buchhaltung und Cont-rolling, Security, Rechtsanwalt, Tester, Korrekturleser

Auf einen Blick: In der Mitarbeiterführung

- Sammeln Sie im Laufe der Zeit und in verschiedenen Kontexten Informationen über die Metaprogramme Ihrer Mitarbeiter.

- Im Gespräch sind Pacing (z. B. durch Verwendung der gleichen Metaprogramme) und Leading (Mitnehmen in neue Denk- und Handlungsweisen) hilfreich.

- Reflektieren Sie Ihre eigenen Metaprogramme. Führung und Veränderung sind nur möglich, wenn Sie die Andersartigkeit von Mitarbeitern akzeptieren und an ihre Sprach- und Denkwelt andocken.

- Als Führungskraft tragen Sie zur Klärung und Lösung eines Konflikts bei, indem Sie den Konfliktparteien dabei helfen, sich ihre Metaprogramme bewusst zu machen und sie zu analysieren. Das erhöht das gegenseitige Verständnis und die Bereitschaft zur Kooperation.

- Stellenbeschreibungen und Aufgabenprofile gewinnen an Aussagekraft, wenn die für die Position erforderlichen Metaprogramme erkannt und benannt werden.

- Es gibt nützliche und weniger nützliche Metaprogramme für bestimmte Aufgaben, Berufe und Kontexte. Beachten Sie dies bei Bewerberauswahl und Teamzusammenstellung.

In Kunden- und Beratungs-gesprächen

In Verkauf und Beratung ist es besonders wichtig, eine gute Beziehung zum Gesprächspartner herzustellen, um erfolgreich zu sein.

In diesem Kapitel erfahren Sie,

- wie Ihnen Metaprogramme dabei helfen, die Bedürfnisse und Wünsche Ihres Kunden kennenzulernen,

- wie Sie Rapport zum Kunden herstellen,

- wie Sie im Beratungsgespräch die Kooperationsbereitschaft Ihres Gegenübers erhöhen.

Bedürfnisse und Wünsche erfragen

Im persönlichen Kontakt mit Kunden oder Klienten können Sie Rapport aufbauen, indem Sie deren Metaprogramme erkennen und darauf eingehen. Für gute Zusammenarbeit und einen erfolgreichen Abschluss braucht es meist eine schnelle Reaktion auf Fragen, Einwände und Hinweise sowie gute Wahrnehmungs- und Sprachfähigkeiten. Der passgenaue Einsatz der Metaprogramme ermöglicht Ihnen ein Andocken an der Sprach- und Denkwelt des Kunden.

Erste Hinweise zu den Metaprogrammen des Kunden erhalten Sie auf der körpersprachlichen Ebene. Beobachten Sie z. B.: Wie wird der Kontakt hergestellt (geht der Kunde auf Sie zu oder wartet er ab)? Wie setzt er Gestik und Mimik ein? Und wie bewegt sich der Kunde? Weitere und differenzierte Hinweise liefert die Sprache des Kunden. Achten Sie auf seine Fragen, Einwände und Argumente im Gespräch.

Aktiv werden: Fragetechniken einsetzen

Gezielte Fragen ermöglichen es Ihnen, Hinweise auf die Metaprogramme des Kunden zu erhalten. Eine Technik, die sich hier neben anderen gut eignet, ist die Alternativfrage. Dabei stellen Sie jeweils die beiden Pole der Metaprogramme (als Gegensatzpaar) zur Auswahl. So bieten sich, wenn es um den Verkauf eines Produkts geht, z. B. folgende Fragen an:

- **Global – Detail:** Möchten Sie gerne zuerst unser gesamtes Sortiment kennenlernen oder interessiert Sie konkret schon ein Detail?

- **Hin zu – weg von:** Welches Ziel haben Sie bei der Anschaffung des Produkts oder welches Problem wollen Sie vermeiden?

- **Proaktiv – reaktiv:** Möchten Sie das Produkt gleich selbst ausprobieren oder lieber erst in Ruhe anschauen und prüfen?

- **Optional – prozedural:** Darf ich Ihnen die vielfältigen Einsatzmöglichkeiten des Produkts zeigen oder sollen wir lieber Schritt für Schritt Ihre Fragen beantworten?

- **Internal – external:** Möchten Sie lieber selbst testen und beurteilen oder darf ich Sie über die Einschätzung unserer Stammkunden und die Beurteilung der Stiftung Warentest informieren?

- **Unterschied – Gleichheit:** Bevorzugen Sie ein neues Modell oder lieber das bewährte und bekannte Produkt?

Achten Sie auf die Antwort des Kunden: Welchen Teil der Frage, welchen Aspekt nimmt er zuerst auf? Oder reagiert er möglicherweise nur auf einen Teil der Alternativfrage? Nimmt er nur einen Teil der Frage auf bzw. schlägt er zu Beginn des Beratungsgesprächs einen Aspekt als Start vor, können Sie von einer Präferenz für diesen Pol bzw. Filter ausgehen.

Mit einer weiteren Fragetechnik – der öffnenden Frage – können Sie zusätzlich wichtige Hinweise im Kundengespräch erhalten. Fragen Sie z. B.:

- Wie sehen Sie das? Welche Meinung haben Sie dazu?
- Worum geht es in Ihrem Fall?
- Was möchte Sie gerne wissen?
- Wie kann ich Ihnen helfen?
- Was haben Sie schon versucht?

Durch die Antwort des Kunden auf eine öffnende Frage erhalten Sie sehr viele Informationen,mit deren Hilfe Sie dessen persönlichen Metaprogramme besser erkennen. Teilaspekte können Sie dann wieder mit der Alternativfragetechnik überprüfen.

Rapport herstellen

Nicht immer haben Sie im Verkaufsgespräch die Möglichkeit, eine Frage zu stellen, oder Ihnen reichen die Hinweise über ein bevorzugtes Metaprogramm einfach noch nicht aus. Deshalb ist es hilfreich, das Verhalten, die Aussagen und Fragen des Kunden im gesamten Gespräch aufmerksam im Blick zu haben, genau zuzuhören und die Informationen einer Analyse zu unterziehen.

Mit Metaprogrammen

Rapport können Sie im Kundengespräch herstellen, indem Sie im gleichen Metaprogramm antworten. Doch Vorsicht: Nicht alle Kunden werden im gesamten Gespräch nur ein Metaprogramm einsetzen, sondern es werden immer verschiedene sein.

> Exzellentes Verkaufen im Sinne der Rapporttechnik heißt: flexibel auf neu entstehende Verkaufssituationen einzugehen, die Hinweise des Kunden wahrzunehmen und für guten Rapport nutzbar zu machen.

Beispiele für Rapport im Verkaufsgespräch:

Metapro-gramm	K = Aussagen des Kunden. V = Verbaler Rapport durch die Verkaufskraft
external	K: In einer Studie habe ich gelesen … Mein Kollege hat mir geraten … Welche Erfahrungen haben andere Kunden damit gemacht? V: Stiftung Warentest … Andere Kunden … Viele Kundenempfehlungen …Unser meist gekauftes Produkt …
internal	K: Ich muss ein gutes Gefühl dabei haben. V: Sie selbst wissen am besten … Wie beurteilen Sie das?
Unterschied	K: Was gibt es denn Neues? Ich will nicht das gleiche Modell wie … V: Völlig neue Technik. Das neue Modell ist nicht zu vergleichen mit … Exklusiv für Sie.
hin zu	K: Ich will viel für mein Geld. V: Unser Angebot ermöglicht Ihnen …

Metapro-gramm	K = Aussagen des Kunden. V = Verbaler Rapport durch die Verkaufskraft
global	K: Welche Rahmenbedingungen gibt es? (oder:) Ich will mir einen Überblick verschaffen. V: In dieser Übersicht ... Die drei wichtigsten Fragen sind ...
proaktiv	K: Ich will gleich starten. V: Es geht sofort los.
reaktiv	K: Ich komme morgen wieder, ich will noch einmal eine Nacht darüber schlafen. V: Gerne, prüfen Sie in Ruhe mein Angebot.

Im schriftlichen Kontakt gilt analog zu den persönlichen Gesprächen: Wenn die Metaprogramme bekannt sind, dann sollten Sie diese auch nutzen (selbstverständlich ohne den anderen nachzuäffen und zu überzeichnen). Bei unbekannten Empfängern z. B. in Werbung und Informationsschriften nutzen Sie die Vielfalt der Sortierfilter.

Mit sprachlichen Bildern

Sprachbilder und Metaphern eignen sich gut für ein Kundengespräch. Berücksichtigen Sie die Lebens- und Erfahrungswelt der Kunden. Für eingefleischte Städter ist möglicherweise ein Beispiel vom Bauernhof unpassend; nachvollziehbar ist für sie dagegen das Bild einer Stadtführung. Für Jugendliche eignen sich Analogien zur Kindererziehung weniger gut als Beispiele aus der Ausbildung oder die erste eigene Wohnung.

BEISPIEL ▬▬▬▬▬▬▬▬▬▬▬▬▬▬▬▬▬▬▬▬▬▬▬▬▬▬▬▬

Ein Kunde kommt zu Ihnen und äußert sich unzufrieden über ein Konkurrenzprodukt: »Das schmeckt mir gar nicht; die haben meinen Geschmack nicht getroffen« (gustatorische Formulierungen). Sie können auf den Kunden eingehen, indem Sie ein sprachliches Bild einsetzen, das ebenfalls den Geschmackssinn anspricht: »Hier ist mein Angebotsmenü für Sie: Vorspeise, Hauptgang und als Dessert ein kleines Extra«: Das ist lockerer, humorvoller und mit mehr Emotionen besetzt als die nüchterne Formulierung »Hier sind alle Fakten und Details«. Je nach Kunde, Verkaufssituation und Produkt sollte das sprachliche Bild passgenau und richtig dosiert sein.

In der Beratung

In der Beratung von Unternehmen, Einzelpersonen oder Teams sind sprachliche Bilder nicht wegzudenken: Sie erleichtern den Kontakt und die Zusammenarbeit. Gerade im Beratungskontext wird ein Ratschlag oft als »Schlag« missverstanden. Der Berater sieht sich immer wieder mit Uneinsichtigkeit oder Widerstand gegen seine Hinweise, Vorschläge oder die externe Einschätzung (z. B. in der Diagnosephase) konfrontiert. Beratung wird häufig als Einmischung von außen empfunden. Die mangelnde Bereitschaft zur Veränderung der Sichtweisen oder das Nichteingestehen eigener Versäumnisse erfordert (und verschwendet) viel Zeit, Energie und Geld.

Das Angebot, mit einer Metapher zu arbeiten, dissoziiert erst einmal vom Ausgangsproblem, macht viele Menschen neugierig (»Was hat das denn mit unserer Situation zu tun?«). Zudem lässt es Raum für Kreativität und für vielfältige und neue Sichtweisen. Und während das Bewusstsein an der Ausgestaltung der Metapher arbeitet, ist das Unterbewusstsein längst dabei, Verknüpfungen herzustellen und Lösungen vorzubereiten.

BEISPIEL

Der Unternehmensberater Stefan Fischer begleitet ein Unternehmen bei der Zusammenlegung zweier Abteilungen an einem Standort. Beim Meeting mit den Abteilungsleitern Herrn Roth und Herrn Wendt geht es darum, welche Maßnahmen zur Prozessoptimierung notwendig sind und wie die Zusammenarbeit verbessert werden kann. Stefan Fischer schreibt die Kernaussagen der beiden Abteilungsleiter am Flipchart mit. Um den beiden ihre Aussagen sowie ihre Denk- und Verhaltensweisen zu spiegeln, wählt er die Metapher »Garten«. Um Gartenanteile zu symbolisieren, legt er zwei farbige DIN-A3-Bögen nebeneinander auf den Besprechungstisch. Während Fischer die Gärten, die Gärtnerrolle und die Kommunikation von Roth und Wendt beschreibt (also das, was er vorher gehört hat), zeichnet er Details ein und beschriftet das Papier (Visualisierung). So überträgt er die Aussagen in die gewählte Metapher und spiegelt den beiden Führungskräften ihre Einschätzung über »ihren« Garten:

»Gärtner Wendt hat jetzt einen Garten neben Roth. Er baut Gemüse und Nutzpflanzen an, Roths Herz schlägt mehr für Blumen und Sträucher. Er lässt alles wachsen und greift wenig in die Natur ein. Wendt hingegen «korrigiert» die Natur, schneidet, düngt und pflanzt. Schon morgens schauen beide, was der andere so treibt. Jeder denkt für sich, dass seine Art der Gartengestaltung besser ist und er selbst der bessere Gärtner ist. Nachdem Wendt neulich ungefragt in Roths Garten kam, die neuen Ziergräser als Unkraut bezeichnete und sie ausreißen wollte, sieht Roth auch nicht mehr ein, dass er die überhängenden Äste des Kirschbaums toleriert, obwohl sie so schön Schatten spenden. Dem Fass den Boden schlug dann das Schild «Betreten verboten» aus, das Roth aufgestellt hatte. In der Gartenanlage schimpfen beide über den jeweils anderen. Dumm nur, dass sich Roth mit der Schädlingsbekämpfung nicht so gut auskennt und zu stolz ist, Wendt um Rat zu fragen. Dumm auch, dass die Schädlinge keinen Zaun kennen und munter beide Gärten – und alle anderen drumherum – besuchen. Einer alleine wird den Tieren nicht Herr werden.»

Um welche Themen es sowohl im Gartenbeispiel als auch bei der aktuellen betrieblichen Situation geht, erkennen Wendt und Roth sehr schnell: Respekt und Höflichkeit, Anerkennung der Fachkompetenz, Akzeptanz für unterschiedliche Aufgaben und Herangehensweisen, Einmischung und Unterstützung, Konflikte nach außen tragen, den eigenen Bereich und das große Ganze sehen, Schnittstellen, auf einander angewiesen sein, Zusammenarbeit.

Der Unternehmensberater Stefan Fischer kann durch das Bild und die Geschichte der Nachbarn im Garten die Rollen, die unterschiedlichen Sichtweisen und Erwartungen, den Umgang mit übergeordneten Themen und angemessene Verhaltensregeln erarbeiten und in den Arbeitskontext übertragen. Das Beispiel zeigt: Ein Problem oder einen Konflikt in ein sprachliches Bild zu übersetzen, ermöglicht es, mit Augenzwinkern, Humor eine gewisse Distanz bei den Beratungskunden zu schaffen, damit sie ihre Verhaltensweisen erkennen.

Auf einen Blick: In Kunden- und Beratungsgesprächen

- Der passgenaue Einsatz der Metaprogramme ermöglicht Ihnen ein Andocken an der Sprach- und Denkwelt des Kunden.

- Durch die Alternativfragetechnik erhalten Sie erste Hinweise auf die Metaprogramme neuer Kunden.

- Im Kundengespräch können Sie im gleichen Metaprogramm antworten – sollten jedoch jederzeit offen sein für weitere Metaprogramme des Kunden.

- Exzellentes Verkaufen im Sinne der Rapporttechnik heißt: flexibel auf neu entstehende Verkaufssituationen einzugehen, die Hinweise des Kunden wahrzunehmen und für guten Rapport nutzbar machen.

- Sprachbilder und Metaphern eignen sich gut für ein Verkaufsgespräch, wenn sie die Lebens- und Erfahrungswelt des Kunden berücksichtigen.

- Der Einsatz einer Metapher in der Beratung hat viele Vorteile: Sie dissoziiert zunächst vom Ausgangsproblem, macht neugierig und lässt Raum für Kreativität und vielfältige neue Sichtweisen.

Im Selbstcoaching

Manchmal befinden wir uns in Lebenssituationen, in denen es hilfreich ist, innezuhalten und sich mit sich selbst zu beschäftigen, so z. B. bei bevorstehenden beruflichen Veränderungen. Hier kann Selbstcoaching weiterhelfen.

In diesem Kapitel erfahren Sie,

- warum Selbstreflexion mithilfe von sprachlichen Bildern zu neuen Ideen und Lösungen führt,
- wie Sie mit Hilfe des NLP-Werkzeugs der Time-Line in Vergangenheit und Zukunft blicken und
- wie es Ihnen damit gelingt, Situationen neu zu beurteilen, Klarheit zu gewinnen, Ressourcen zu entdecken und in der Gegenwart zu nutzen.

Mit sprachlichen Bildern zu neuen Ressourcen

Die Entdeckungsreise zum Ich, wie Selbstcoaching manchmal bezeichnet wird, kann eine bessere Selbstwahrnehmung und Selbstreflexion ermöglichen und uns mit unseren inneren Kraftquellen verbinden. Beim Selbstcoaching sind Sie weder zeitlich noch inhaltlich an Vorgaben und Regeln gebunden.

Um mit sprachlichen Bildern neue Ressourcen in sich selbst aufzuspüren, können Sie wie folgt vorgehen:

1. Formulieren Sie die Fragestellung oder das Thema, das Sie beschäftigt, so konkret wie möglich.

2. Finden Sie ein passendes Bild dazu, z. B. mit der Formulierung »XY ist wie ..., erinnert mich an ...«.

3. Tauchen mehrere Alternativen auf, skizzieren Sie mit einigen Sätzen und/oder Zeichnungen die Analogien. Vertrauen Sie Ihrer Intuition und wählen Sie ein Bild aus.

4. Arbeiten Sie nun Stück für Stück das Bild aus. Lassen Sie alle Assoziationen zu – gönnen Sie Ihrem inneren Kritiker eine Pause. Kombinieren Sie verschiedene Methoden. Schreiben Sie auf, was Ihnen dazu einfällt, kaufen Sie eine passende Postkarte oder fertigen Sie eine Collage aus persönlichen Gegenständen und Zeitungsausschnitten an. Über ein Thema nachzudenken, ist nicht so wirkungsvoll wie das Aufschreiben oder das kreative Gestalten (z. B. als Bild oder mithilfe

von Materialien wie Ton). Letzteres fokussiert die Aufmerksamkeit und initiiert viele mentale Verknüpfungen.

5. Bleiben Sie im Bild bzw. in der Metapher. Lassen Sie sich darauf ein, denken Sie in dieser Phase nicht an das Ausgangsthema.

6. Stellen Sie dann den Transfer von Ihrem Bild zur Fragestellung her: Was hat das zu bedeuten? Wofür steht das Detail A in meinem Bild? Und was hat das mit meinem Alltag bzw. Thema zu tun?

Geht es um ein Ziel- oder Entwicklungsthema (z. B. die berufliche Karriere, eine Ist-Analyse bzw. Zieldefinition), so können Sie auch ein Bild mit zwei Szenarien wählen. Theateraufführung: heute als Statist/in – morgen als Hauptdarsteller/in. Entdeckungsreise: heute mit dem Fahrrad in der Umgebung – morgen auf großer Kreuzfahrt.

BEISPIEL

Inka Albrecht ist mit ihrem Job unzufrieden und nimmt sich Zeit, mithilfe eines Bildes ihre aktuelle berufliche Situation zu beleuchten. Sie geht nach den oben skizzierten Schritten vor:

1. Sie fragt sich: »Wie sieht meine derzeitige Situation im Job aus? Wie verhalte ich mich aktuell?«

2. Vor ihrem inneren Auge tauchen zwei Bilder auf: »Meine Arbeit im Betrieb erinnert mich an eine öde Landschaft. Oder es ist wie in der Schule mit ihren Regeln, den starren Rollen und dem festvorgegebenen Stundenplan«

3. Inka beschäftigt sich mit beiden Metaphern. Bei der Assoziation Schule, Stundenplan, Fremdbestimmtheit und starres Rollendenken merkt sie zwar die Parallelen zu ihrem Arbeitsbereich. Inka spürt dabei jedoch auch ihre negativen Emotionen, die mit dem Thema Schule verbunden sind. Sie entscheidet sich daher für die Metapher »Landschaft«.

4. Folgende Fragen und Gedanken tauchen auf: Welche Art von Landschaft ist es? Bekannt oder unbekannt? Realistisch oder futuristisch? Am Meer, in den Bergen, flach oder hügelig? Ist die Landschaft bebaut, existiert eine Begrenzung durch eine Mauer, einen Zaun oder natürliche Gegebenheiten wie Berge, Fluss oder Wald? Gibt es Pflanzen, Tiere oder Menschen dort? In welcher Beziehung stehen diese zueinander? Inka erkundet, wo sie sich selbst in dieser Landschaft befindet und wie sie sich fühlt.

5. Sie gestaltet eine Collage aus Zeitungsausschnitten und alten Postkarten und ergänzt diese mit Zeichnungen, Pfeilen, Zitaten und Gedanken. Sie ist ganz im kreativen Tun, es macht ihr viel Spaß ihre ganz eigene Arbeitslandschaft zu gestalten. Und sie findet immer wieder neue weitere Details, die zum Thema passen. An ihr Ausgangsthema denkt sie kaum.

6. Bei der Analyse überraschen Inka zwei Details im Bild. Sie selbst steht im Bild direkt vor einem riesigen Berg am Ende des Tals, schaut auf das Hindernis, hat jedoch keinen Blick ins grüne Tal und auf den weiten Horizont. Die anderen Menschen in oder vor den Häusern sind weit weg, sie steht alleine vor dem Berg. Der Transfer dieses Bildes auf die Fragestellung fällt ihr nicht schwer.

Mit der Time-Line Ressourcen aufspüren und Ziele setzen

Im Sprachgebrauch behandeln wir Zeit oft wie einen Gegenstand. Wir sagen, dass die Zeit eilt, fließt, sich dehnt oder dass wir Zeit sparen oder verschwenden. Im NLP ist das Format Time-Line – die Zeitlinie – ein Modell für die individuelle Verarbeitung von Zeit. Sie ist ein mentales Konstrukt und beschreibt die neuro-linguistische Repräsentation unseres Zeiterlebens. Sie ist ein hilfreiches und nützliches Modell der Wirklichkeit, da sie etwas Abstraktem eine Form gibt.

Wahrnehmung von Zeit

Wir unterscheiden zwischen einer physikalisch exakten (messbaren) und einer subjektiven, erlebnisbezogenen Zeit. Unsere Wahrnehmung davon, wie lange etwas dauert, hängt davon ab, was in der Zeit passiert. Ein Zeitraum mit vielen Erlebnissen und Ereignissen erscheint uns kurz; die Zeit »vergeht wie im Flug«. Dagegen empfinden wir ereignisarme Zeiträume manchmal als quälend lange. Was beeinflusst diese Verzerrung? Es sind

- die Menge der Informationen und Ereignisse,

- die Qualität der Erfahrungen (angenehm/unangenehm),

- der Grad der Dringlichkeit,

- der Grad der Aktivität,

- die Abwechslung bzw. Gleichförmigkeit,

- der Flow – ein Zustand, in dem wir ganz in einer Tätigkeit aufgehen und die Zeit vergessen.

Ihre persönliche Zeitlinie erkennen

Es gibt mehrere Methoden, die persönliche Time-Line herauszufinden. Stellen Sie sich zunächst die Frage: Wo befinden sich im Raum Gegenwart, Vergangenheit und Zukunft? Sehr viele Menschen können das intuitiv und ohne Nachdenken sagen und die entsprechenden Richtungen zeigen, z.B. »Die Zukunft liegt vor mir, ich kann sie deutlich sehen, und die Vergangenheit befindet sich hinter mir«. Für einige Menschen ist die Frage jedoch nicht so einfach zu beantworten. Sie nehmen keine räumliche Verortung von Vergangenheit und Zukunft wahr. Machen Sie sich anhand konkreter Beispiele eine Vorstellung, wo Ihre Zeitzonen liegen.

BEISPIEL

Wählen Sie konkrete, immer wiederkehrende Ereignisse aus dem Alltag, z.B. frühstücken oder Zähne putzen. Erinnern Sie sich, wie Sie die Handlung vor zwei Jahren, vor einigen Tagen getan haben. Stellen Sie sich vor, wie Sie sie in Zukunft tun werden – in einer Woche und in einem Jahr. Ordnen Sie die Erinnerungen an die Vergangenheit und die Vorstellung von der Zukunft wie Perlen einer Schnur an. So erhalten Sie Ihre räumliche Repräsentation von Vergangenheit und Zukunft.

Auch die Vorstellung von einer Zeitreise mit einem Fahrzeug kann hilfreiche Dienste bei der Erkundung der persönlichen

Time-Line leisten. Wenden Sie das imaginäre Fahrzeug, um in die Vergangenheit zu gelangen, geben Sie Gas für einen Trip in die Zukunft oder fahren Sie nach rechts oder links. Was die unterschiedlichen Fahrwege zu bedeuten haben, lesen Sie gleich im nächsten Kapitel.

In-Time

In-Time-Menschen kodieren ihre Erinnerungen an die Vergangenheit oder die Gedanken an die Zukunft von vorne nach hinten oder von unten nach oben. Die Zeitlinie geht durch die Person hindurch bzw. sie steht auf der Linie. Das Entscheidende ist, dass diese Menschen einen Teil der persönlichen Time-Line nicht im Sichtfeld haben, sich z. B. der Vergangenheit durch Umdrehen zuwenden oder das Fahrzeug wenden müssen. In der NLP-Literatur wird In-Time-Verarbeitung als »arabisches Zeitkonzept« bezeichnet. Dieses Zeitkonzept ist eher bei Menschen aus warmen, südlichen Regionen und südamerikanischen Ländern anzutreffen. Menschen mit In-Time Verarbeitung

- leben intensiv in der Gegenwart und können sehr konzentriert an einer aktuellen Herausforderung arbeiten,

- machen wenig Pläne und nehmen das Leben, wie es kommt, spontan und flexibel,

- können sich schwerer entscheiden, halten sich lieber Optionen offen,

- haben Schwierigkeiten, die Zeit und ihre Dauer realistisch einzuschätzen,

- erleben Erinnerungen assoziiert, d. h., sie gehen in die Vergangenheit zurück und sind dann in der entsprechenden Emotion.

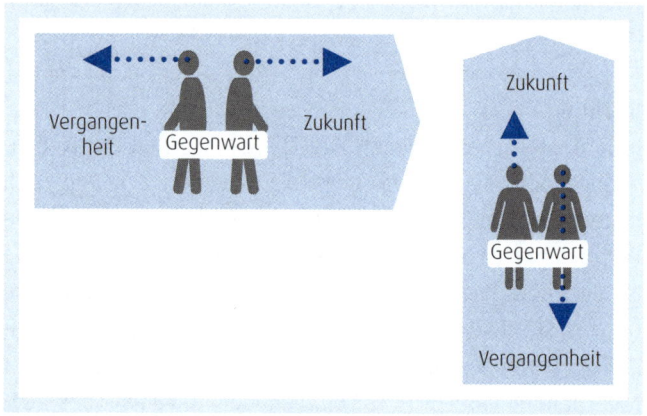

Through-Time

Through-Time-Menschen kodieren ihre Erinnerungen an die Vergangenheit oder die Gedanken an die Zukunft von links nach rechts oder umgekehrt. Die Gegenwart liegt direkt vor der Person. Der entscheidende Unterschied zu In-Time-Menschen ist, dass sich die gesamte Zeitlinie in ihrem Blickfeld und vollständig außerhalb ihrer selbst befindet. Vergangenheit, Gegenwart und Zukunft werden von außen, d. h. dissoziiert betrachtet. In der Literatur wird diese Art der Zeitkodierung als »anglo-amerikanische Zeit« bezeichnet. Menschen mit Through-Time-Verarbeitung

- haben ein gutes Gespür für Zeit; sie arbeiten z.B. mit realistischen Zeitvorgaben,
- fällt Planen, Ordnen und Entscheiden leichter,
- haben ein Bewusstsein für den Wert der Zeit und Pünktlichkeit,
- speichern Erinnerungen dissoziativ; sie sehen sich selbst als Person in der Zeit. Dadurch gelingt es ihnen gut, Gefühle von Ereignissen zu trennen.
- haben mehr Schwierigkeiten, im Hier und Jetzt zu leben.

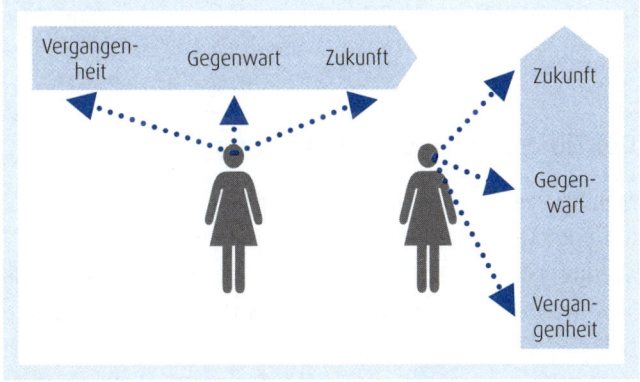

Between-Time

Between-Time ist eine Abwandlung der Through-Time-Line. Vergangenheit und Zukunft sind außerhalb der Person verortet, lediglich die Gegenwart wird im Körper gedacht. So entsteht eine Art V-Form.

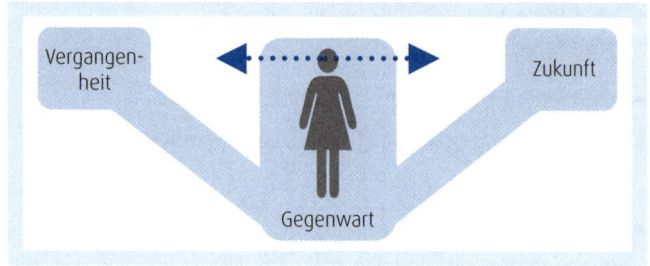

Unterschiedliche Time-Lines können nie nach den Kriterien »richtig« und »falsch« oder »besser« und »schlechter« beurteilt werden. Jede Time-Line ist richtig! Individuelles Denken und Handeln, die Wahrnehmung von Zeit und die Anordnung von Erinnerungen beeinflussen unsere Time-Line.

Der Time-Line eine Gestalt geben

Man kann eine innere gedachte Zeitlinie nach außen projizieren und sichtbar machen. Der inneren, von der Person wahrgenommenen Linie wird eine äußere Gestalt gegeben und (in NLP-Sprache) zeitliche Ereignisse werden räumlich an unterschiedlichen Plätzen geankert. Die Time-Line muss nicht linear als Gerade angeordnet sein, sie kann ansteigen oder abfallen. Manchmal verläuft sie gebogen, in Wellen und Spiralen und bildet sehr individuelle Formen. Es kann Lücken, Knicke oder Sprünge geben (sie deuten oft auf einschneidende Ereignisse hin). Entscheidend ist, ob Teile im Gesichtsfeld liegen oder nicht und ob Teile durch eine Person hindurchgehen oder außerhalb der Person liegen. Zeitlinien können kontextbezogen unterschiedlich sein. Im beruflichen Umfeld kann eine Person z.B. eine Through-Time-Line und im privaten Bereich Merkmale der In-Time-Line zeigen.

Die Boden-Time-Line

Das sichtbare Auslegen auf dem Boden funktioniert bei vielen Menschen sehr gut. So gehen Sie in fünf Schritten vor:

1. **Kreativ gestalten:** Verwenden Sie z.B. eine Schnur oder Gegenstände zur Markierung der Linie oder Zeitpunkte. Bewährt haben sich verschiedenfarbige Zettel (Metaplankarten) in unterschiedlichen Formen (Kreise, Rechtecke). So werden schon beim Auslegen Informationen visuell unterschiedlich dargestellt.

2. **Gegenwart festlegen:** Legen Sie im Raum einen eindeutigen Platz für das Hier und Jetzt fest.

3. **Vergangenheit und Zukunft festlegen:** Legen Sie die Richtung Ihrer Vergangenheit und Zukunft fest.

4. **Ereignisse und Erinnerungen festlegen:** Beschriften Sie die Zettel. Sie können z.B. ein Ereignis in der Vergangenheit räumlich darstellen (Geburt, Abiturprüfung, Jahreszahl oder erster Arbeitstag im neuen Job). Zukünftige Ereignisse als Punkt auf der Zeitlinie z.B. ein Datum in drei Jahren, Abschluss der Ausbildung, Rentenbeginn. Die Plätze können Namen erhalten wie »Ort, an dem ich 10 Jahre war«, »Jobwechsel«, »Ort des Zweifels« oder »Ort der Zufriedenheit«.

5. **Überprüfen:** Manchmal passt die Zeit-Linie sofort, manch-

mal möchte man sie noch verändern, z.B. die Abstände von zwei Ereignissen und deren Positionierung auf der Linie ändern, Ereignisse/Punkte nach vorne oder hinten verlegen, neue hinzufügen oder andere entfernen. Auch die individuellen Merkmale der Positionen können variiert werden: durch eine Veränderung der Untereigenschaften (im NLP Submodalitäten genannt), z.B. in Bezug auf Farbe, Helligkeit und Konturen (visuelle Eigenschaften), in Bezug auf Lautstärke oder Tonlage (auditive Eigenschaften) oder in Bezug auf Intensität, Qualität oder Temperatur (kinästhetische Eigenschaften). Die Submodalitäten strukturieren die Eigenschaften, sie sind jedoch inhaltsfrei, d.h., ihre Veränderung beeinflusst nicht den Inhalt des Bildes. Die meisten Personen haben nach kurzer Korrektur das Gefühl, dass es für sie jetzt so passt und sich stimmig anfühlt. Sie können dunkle Punkte auf der Time-Line heller machen, besonders angenehme Punkte können Sie vergrößern, farbig machen oder und »wärmer« machen.

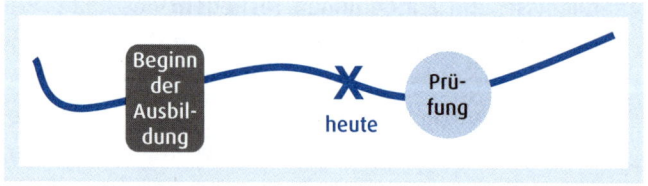

Auszug aus einer Boden-Time-Line als Beispiel

So erzielen Sie optimale Ergebnisse:

- Nehmen Sie sich ausreichend Zeit und suchen Sie sich einen störungsfreien Raum. Die ungewohnte Art und Weise, sein Leben, seine Vergangenheit und eine erwartete Zukunft zu betrachten bzw. sich vorzustellen, braucht manchmal etwas Zeit und Übung.

- Menschen mit ausgeprägtem auditivem oder kinästhetischem Repräsentationssystem haben gelegentlich Schwierigkeiten, sich innere Bilder vorzustellen. Das kann zur Folge haben, dass die Bilder zu dunkel oder unscharf sind. Oder sie kippen schnell weg und können nicht vor dem inneren Auge gehalten werden. Aktivieren Sie Ihr visuelles Wahrnehmungssystem, indem Sie sich konkret vorstellen, was Sie sehen (nicht was Ihre innere Stimme oder Ihr Gefühl sagt): Farben und Formen, Bilder, Zeichnungen, Fotos. Verändern Sie die Helligkeit oder Schärfe und lassen Sie die Bilder größer werden. Wenn Sie zu den Menschen gehören, die zwei unterschiedliche, d. h. kontextabhängige Time-Lines visualisieren, dann bearbeiten Sie das Thema mit derjenigen Time-Line, die zum Kontext passt. Wenn beispielsweise Ihre Time-Line im Berufskontext Through-Time ist, im privaten Bereich jedoch In-Time, dann bearbeiten Sie berufliche Themen in der zugehörigen Through-Time-Line.

- Achten Sie darauf, dass Sie zuerst die gesamte Time-Line gestalten und erst dann in den Bearbeitungsprozess eintauchen. Die Errichtung der Zeitlinie und die Themenbearbeitung dürfen nicht vermischt werden.

- Achten Sie auf starke innere Widerstände. Manchmal schützen sich Menschen aus gutem Grund vor traumatischen und mit heftigen Emotionen verknüpften Ereignissen. Nehmen Sie in diesen Fällen die Unterstützung ausgebildeter Fachleute in Anspruch.

Für die Arbeit mit der Bodenlinie gibt es drei Möglichkeiten:

1. **Assoziierte Betrachtungsweise:** Stellen Sie sich am Ort der Gegenwart **auf** die Bodenlinie. Erfahren und erleben Sie mit allen Sinnen, was es zu sehen, hören, fühlen, was es zu riechen oder zu schmecken gibt. Gehen Sie dann konzentriert, in kleinen Schritten und mit langsamen Bewegungen in eine Richtung. Spüren Sie den Raum und die Veränderungen im Abgehen der Linie. Gehen Sie wieder zur Gegenwart zurück und in die andere Richtung. Halten Sie dort an, wo Sie intuitiv stehenbleiben möchten oder besondere Ereignisse wahrnehmen. Erforschen Sie wieder mit allen Sinnen den Ort, der für Sie z. B. eine vergangene Erinnerung oder ein zukünftiges Ereignis repräsentiert.

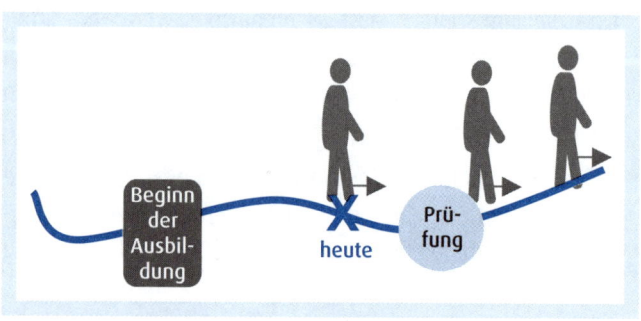

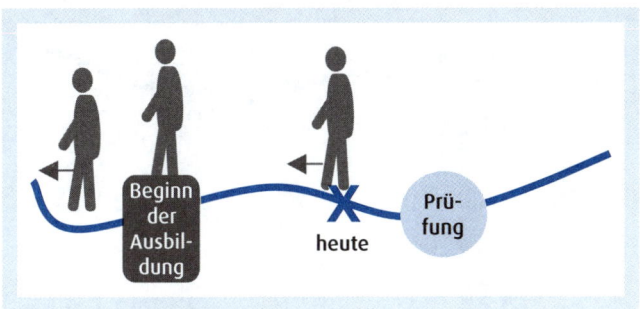

Assoziierte Betrachtung der Boden-Time-Line

Dissoziierte Betrachtungsweise: Schauen Sie auf Ihre Time-Line, indem Sie **neben** die gestaltete Bodenlinie treten. Beginnen Sie wieder langsam und mit kleinen Schritten von der Gegenwart aus. Bleiben Sie neben den wichtigen Punkten stehen und nehmen Sie auch hier die Qualität und den Unterschied wahr.

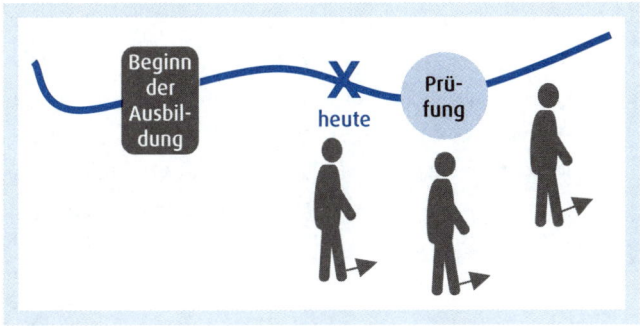

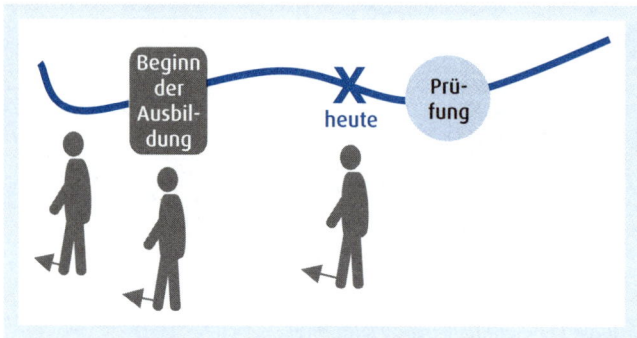

Dissoziierte Betrachtung der Boden-Time-Line

2. Wechselnde Betrachtung: Häufig gibt es Erfahrungen und Emotionen, die eine Person nicht assoziiert, sondern mit Abstand erleben will, andere Ereignisse und Gefühle möchte sie hingegen wieder erleben, fühlen und assoziiert wahrnehmen. Die Boden-Time-Line erlaubt schnelle Wechsel zwischen den Wahrnehmungspositionen.

> Tauchen unangenehme Bilder und Gefühle auf, dann steigen Sie aus der Linie aus. Manchmal ergeben sich auch körperliche Reaktionen wie Schwindel, Muskelanspannungen oder Übelkeit. Betrachten Sie die Situation dissoziiert (siehe Möglichkeit 2). Oder denken Sie kurz an etwas anderes. Es hilft auch, wenn Sie einen Schritt vor oder hinter den kritischen Ort gehen.

Die Vergangenheit erkunden

Die Zeitlinie ermöglicht es uns, mit der Vergangenheit zu arbeiten. Bei einigen Formaten im NLP wie z.B. Changing History (eine positive Neubewertung schmerzlicher Erinnerungen und Erfahrungen in der Vergangenheit, Veränderung der persönlichen Lebensgeschichte) oder bei der Bearbeitung von Traumata und Phobien sollten Sie die Unterstützung durch ausgebildete Fachleute in Anspruch nehmen.

Ressourcen erforschen

Nicht immer haben wir vollständigen Zugang zu unseren Fähigkeiten, Erfahrungen und Ressourcen, die wir für eine aktuelle Situation nutzen möchten. Gemäß der Grundannahme, dass ein Mensch alle Ressourcen für eine Veränderung besitzt, können wir diese auf der persönlichen Zeitlinie aufspüren.

BEISPIEL

Melissa Staudinger arbeitet seit einiger Zeit in einer Werbeagentur. Als Assistentin der Geschäftsleitung ergeben sich häufig Situationen, in denen sie Ergebnisse und Konzepte im Team oder bei Kunden präsentieren muss. Obwohl sie inhaltlich sehr gut vorbereitet ist, passiert es ihr immer wieder, dass sie errötet, ins Stocken kommt, die Stimme dünn wird und sie nervös an der Kleidung oder den Haaren nestelt. Im Laufe der Präsentation gewinnt Melissa ihre Sicherheit zurück und kommt in einen entspannten und professionellen Vortragsmodus. Sie möchte das Thema bearbeiten. Zu Beginn gestaltet Melissa zügig und mit einem intuitiven Gespür »ihre« Zeitlinie vor sich am Boden. Verschiedenfarbige Karten markieren Gegenwart, Zukunft und Vergangenheit als geschwungene Linie. Als Startpunkt sieht sie auf der linken

Seite ihre Geburt und auf dem rechten Abschnitt einen Zeitpunkt in fünf Jahren (Through-Time-Verarbeitung). Als nächsten Schritt überprüft sie in zwei unterschiedlichen Wahrnehmungspositionen (dissoziiert neben der Linie gehen und assoziiert auf der Linie gehen) die am Boden platzierte Linie. Als nächstes geht Melissa von der Gegenwart in die Vergangenheit. Langsam überprüft sie einzelne Orte und kann drei Erfahrungen aufspüren: eine erfolgreiche Präsentation vor zwei Jahren als Trainee bei einem Kunden (ihre damalige Firma bekam daraufhin den großen Auftrag), ihre spritzig vorgetragene Abiturrede als Schulsprecherin und wie sie als Zehnjährige ein Gedicht zum 80. Geburtstag ihrer Großmutter vortrug. In allen drei Situationen hatte sie die Ressourcen Souveränität, Gelassenheit, Konzentration und Selbstsicherheit zur Verfügung. Sie wählt die jüngste berufliche Erfahrung (als Trainee) aus, da sie am besten zu ihrem Ausgangsthema passt. Durch das Suchen und Finden auf der Time-Line kann sie die damals gemachten Erfahrungen und Ressourcen wieder erinnern und sich mental Zugang zu ihnen verschaffen.

Exzellente Momente erleben

Eine ausgewählte Situation aus der Vergangenheit kann als Quelle genutzt werden, um aktuell Zugang zu den Ressourcen zu bekommen: Diese ressourcenvolle Erfahrung aus der Vergangenheit wird in einem oder mehreren Repräsentationskanälen geankert – diese Technik wird im NLP auch »Moment of Excellence« genannt.

BEISPIEL

In einem nächsten Schritt wählt Melissa eine Körperstelle, die sie im Alltag unauffällig berühren kann, z. B. das Handgelenk. Sie geht auf der Time-Line in die Situation als Trainee zurück und taucht in die Erinnerung ein, sieht vor ihrem inneren Auge die Umgebung, hört die Geräusche und spürt die positiven Gefühle. Sie kostet alle Sinneseindrücke aus, nimmt quasi »ein wohltuendes Bad« in Gefühlen und Bildern. Alle Fähigkeiten und Ressourcen hat sie dort zur Verfügung. Sie lässt die Empfindungen ganz stark werden. Kurz bevor das Maximum erreicht wird, drückt sie ihr Handgelenk. Nach einer kleinen Pause überprüft sie den Anker, indem sie mit gleichem Druck und gleicher Dauer das Handgelenk berührt: Die gewünschten Ressourcen und Erfahrungen werden für sie wieder spürbar.

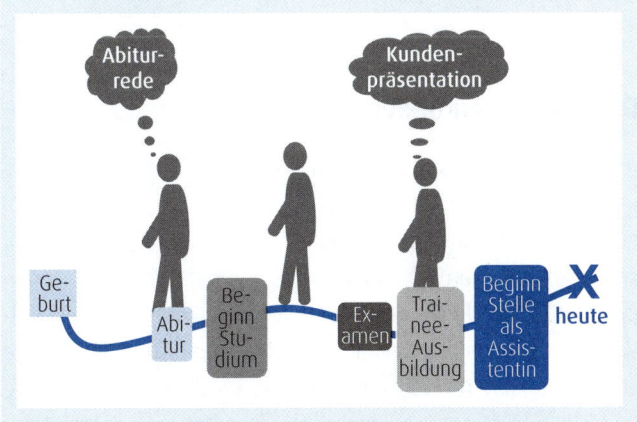

Melissa erforscht Ressourcen in der Vergangenheit

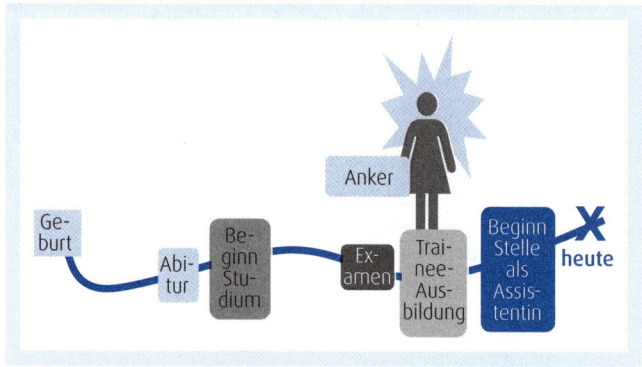

Melissa erlebt einen exzellenten Moment und verankert ihn

Die Zukunft erkunden

Auch die Zukunft können wir mit Hilfe der Time-Line in unserer Vorstellung konstruieren. Vielleicht kennen Sie Menschen, die über ihren in ferner Zukunft liegenden 80. Geburtstag sprechen und darüber nachdenken, wie sie dann ihr Leben betrachten und beurteilen – sozusagen Zukunft im Rückblick. Wir können gedanklich oder räumlich auf der Bodenlinie in die Zukunft gelangen und erkunden, wie es dort ausschaut, wie es sich anfühlt, was es zu hören gibt. Der sog. Future Pace ist ein Standard-Schlusselement in der NLP-Arbeit. Dort wird überprüft, wie realistisch und umsetzbar Ziele oder Verhaltensweisen sind. Die Überprüfung ist ein Test für die Qualität der gewünschten Veränderungen. Eine Zukunftsvorstellung, die negative Wahrnehmungen auf der Zeitlinie auslöst, z.B. wenn die Person Unbehagen äußert, Unstimmigkeiten oder Einschränkungen wahrnimmt, erzielt nicht den gewünschten Effekt. Eine positive Zukunftsvorstellung setzt Energien für die Umsetzung frei. Der Future Pace verknüpft Zielvorstellungen der Gegenwart mit konkreten Handlungen in der Zukunft.

BEISPIEL

Melissa fragt sich: »Wie stelle ich mir die nächste Präsentation vor? Was sehe und tue ich in der Vorbereitungsphase?« Sie geht auf ihrer Time-Line einen Schritt nach vorne und assoziiert sich in diese Situation. Sie spürt sofort die Antwort und sagt: »Ich werde mir die damalige Situation als Trainee vor mein geistiges Auge holen und mein Handgelenk berühren. Ich kann jederzeit meinen Anker nutzen«. Die anstehende Präsentation in vier Wochen erlebt Melissa (sie konstruiert sich ein assoziiertes Bild auf der Time-Line) mit allen Ressourcen und Fähigkeiten. Und während sie die Situation schildert, lächelt sie, steht gerade und ruhig; ihr Gesicht ist entspannt.

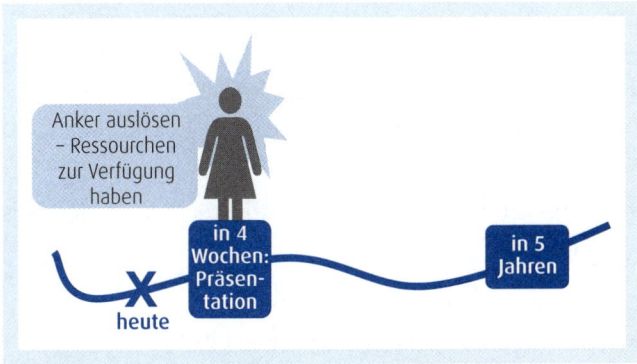

Melissas Time-Line: der rechte Abschnitt (Zukunft)

Ziele in der Zukunft etablieren

Die Boden-Time-Line ist gut geeignet, um ein Ziel oder mehrere Ziele zu betrachten. Es können auch Zielvarianten verglichen werden. Welche Anforderungen müssen Ziele erfüllen? In der NLP-Sprache müssen Ziele wohlgeformt sein, indem sie

- positiv und ohne Vergleiche formuliert werden,

- sinnesspezifisch konkret sind und auf eine bestimmte Situation oder einen Kontext bezogen sind,

- Kriterien enthalten, an denen die Zielerreichung überprüf- und messbar ist (Erfolgskriterien),

- daraufhin überprüft werden, welche Auswirkungen und Konsequenzen die Zielerreichung hat (Öko-Check),

- im eigenen Kompetenzbereich liegen.

Auf einer Metaebene – einem Blickwinkel weit außerhalb der Zeitlinie – können Zweifel, der innere kritische Dialog, die Einwände, Hinderungsgründe und persönliche »Sabotagestrategien« angeschaut und analysiert werden. Hilfreiche Fragen aus der Metaposition:

- Welche Gründe könnte es für das Nichterreichen des Ziels geben?

- Was ist die positive Absicht dahinter?

- Welche Ressourcen braucht es, um das Ziel zu erreichen?

- Welche Referenzerfahrungen (diese sind auf der Time-Line zu finden) gibt es, in denen diese Ressourcen zur Verfügung standen?

Die Fähigkeit zur Simulation, im NLP Als-ob-Technik genannt, nimmt den Eintritt eines Erfolges und die Erreichung des Ziels vorweg. Die Person tut so, als ob sie das Ziel erreicht hat, indem sie Handlungen und Situationen erlebt, die zum Ziel führen. Anders als im tatsächlichen, gegenwärtigen Kontext soll der »Als-ob-Rahmen« Ressourcen und Informationen erkennen lassen und zugänglich machen.

BEISPIEL

> Skirennläufer gehen mit geschlossenen Augen und mit entsprechenden Bewegungen den Slalom durch. Sie hören im Ziel den Jubel der Zuschauer und sehen sich auf der Siegertreppe mit einer Medaille um den Hals.

Als-ob-Technik

Von der Zukunft aus Rückschau halten

Im Gegensatz zum Future Pace, bei dem wir den Blick in die Zukunft richten, können wir von einem Ort der Zukunft-Time-Line auf andere, davorliegende Orte oder Zeitzonen zurückblicken. Der zukünftige Ort kann ein konkretes Ziel sein, eine bestimmte Lebenssituation, z.B. ein neuer Lebensabschnitt oder auch der Zeitpunkt in der Zukunft, an dem ein Problem gelöst ist. Durch diese Rückschau können wir Lösungen, Entscheidungen oder Vorgehensweisen überprüfen. Es gibt zwei Möglichkeiten:

1. An dem gewählten Ort der Zukunft-Time-Line drehen wir uns um und schauen auf die Zeitzone zwischen Gegenwart und Zukunftsort zurück – entweder assoziiert, indem wir auf der Zeitlinie stehenbleiben, oder dissoziiert, indem wir neben die Linie treten.

2. Von einem Ort der Zukunft-Time-Line gehen wir Schritt für Schritt in Richtung Gegenwart zurück (auf oder neben der Linie) und erkunden mit unseren Sinnen die Qualität (Wahrnehmung der unterschiedlichen Submodalitäten) der einzelnen Schritte und Stationen. Als Bild formuliert: Wir fädeln eine Perlenkette ab oder lassen einen Film – eventuell in Zeitlupe – rückwärts laufen.

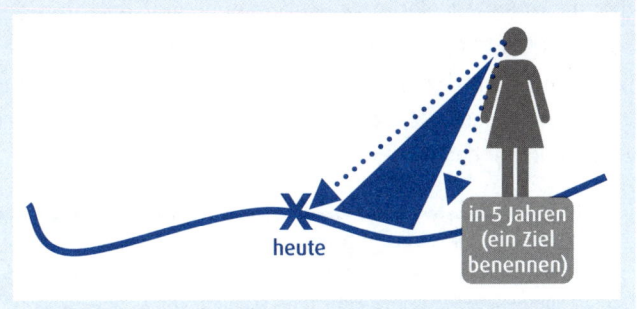

Von der Zukunft Rückschau halten, Variante 1

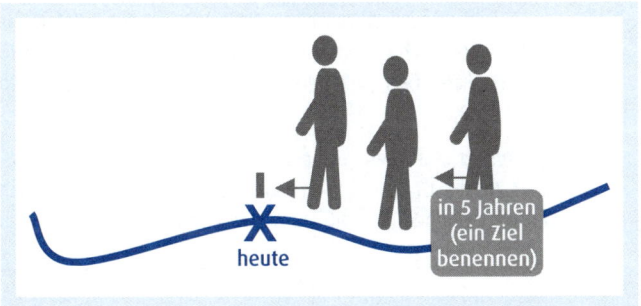

Von der Zukunft Rückschau halten, Variante 2

Lösungen finden

Für Probleme der Gegenwart können wir ähnlich wie bei der Rückschau auf der Zukunft-Zeitlinie Lösungen finden und überprüfen. Gehen Sie dazu auf der Bodenlinie von der Gegenwart in die Zukunft und suchen und finden Sie den Ort, an dem Sie das Problem gelöst haben. Was können Sie sehen, hören und fühlen? Was ist dort anders? Welche Schritte waren notwendig, damit Sie an diesen Ort gekommen sind? Auch mit der sogenannten Wunderfrage des US-amerikanischen Psychotherapeuten Shazer werden mentale Suchprozesse auf der Zukunft-Zeitlinie genutzt. Sie erzeugt positive Phantasien einer Zukunft, in der das Problem nicht mehr besteht.

BEISPIEL ▬▬▬▬▬▬▬▬▬▬▬▬▬▬▬▬▬▬▬▬▬▬▬▬▬▬

>»Nimm einmal an, du gehst schlafen. Und während du schläfst, einfach über Nacht, geschieht ein Wunder. Das Problem, das du gerne lösen willst, ist auf einmal schon gelöst. Oder das Ziel, das du gerne erreichen willst, ist schon erreicht. Einfach so – und du hast es nicht bemerkt. Und du weißt auch nicht, dass ein Wunder geschehen ist, weil du geschlafen hast. Woran wirst du morgens als Erstes bemerken, dass das Wunder geschehen ist? Wer wird die erste Person sein, die bemerkt, dass das Wunder geschehen ist?«

>Die Wunderfrage kann noch präzisiert werden: Was genau ist anders? Welche Gefühle und Gedanken sind anders? Was könnten Sie tun, um ein Stück weit das Wunder schon jetzt geschehen zu lassen?

Die Ergebnisse aus der Wunderfrage können dann auf der Time-Line bearbeitet werden: als Transfer von einer Lösung in der Zukunft (das Wunder) in Handlungsschritte in der Gegenwart und/oder als erste Schritte auf die Lösung hin, in die Zukunft.

Auf einen Blick: Im Selbstcoaching

- Ein sprachliches Bild – visualisiert als Collage oder Zeichnung – dissoziiert Sie von Ihrem eigentlichen Problem. Wenn Sie sich zunächst ins kreative Tun begeben und dann den Transfer herstellen, kommen erstaunliche Ergebnisse und Impulse zum Vorschein.

- Um Ihre persönliche Time-Line herauszufinden, stellen Sie zunächst immer die Frage: Wo befinden sich im Raum Gegenwart, Vergangenheit und Zukunft?

- Der inneren, von der Person wahrgenommenen Zeitlinie wird eine äußere Gestalt gegeben. Zeitliche Ereignisse werden räumlich an unterschiedlichen Plätzen geankert. Die gängigste Art ist die Boden-Time-Line.

- Gemäß der Grundannahme, dass ein Mensch alle Ressourcen für eine Veränderung besitzt, können wir diese Ressourcen auf der persönlichen Zeitlinie aufspüren, wenn wir unsere Vergangenheit erkunden.

- Wir können gedanklich oder räumlich auf der Bodenlinie in die Zukunft gelangen und erkunden, wie es dort ausschaut, wie es sich anfühlt, was es zu hören gibt.

- Bei der Erkundung der Zukunft tun Sie so, als ob Sie das Ziel erreicht hätten, indem Sie Handlungen und Situationen erleben, die zum Ziel führen. Das macht Ihnen persönliche Ressourcen zugänglich.

Literatur

Charvet, Shelle Rose: Wort sei Dank – Von der Anwendung und Wirkung effektiver Sprachmuster, Paderborn 2001.

Dilts, Robert: Die Magie der Sprache – Angewandtes NLP, Paderborn 2008.

James, Tad: Time Line, Paderborn 2006.

Kraft, Peter B.: NLP-Handbuch für Anwender – NLP aus der Praxis für die Praxis, Paderborn 2010.

Münchhausen, Marco; Trageser, Waltraud: Die Metaphern-Kartei, Paderborn 2004.

Nöllke, Matthias: Anekdoten, Geschichten, Metaphern für Führungskräfte, Freiburg 2002.

O`Connor, Joseph; Seymour, John: Neurolinguistisches Programmieren: Gelungene Kommunikation und persönliche Entfaltung, Kirchzarten 2010.

Ötsch, Walter; Stahl, Thies: Das Wörterbuch des NLP, Paderborn 2003.

Seidl, Barbara: NLP – Mentale Ressourcen nutzen, Freiburg 2015.

Stichwortverzeichnis

Impressum

Bibliografische Information der Deutschen Nationalbibliothek
Die Deutsche Nationalbibliothek verzeichnet diese Publikation in der Deutschen
Nationalbibliografie; detaillierte bibliografische Daten sind im Internet über
http://dnb.dnb.de abrufbar.

Print: ISBN: 978-3-648-08066-5   Bestell-Nr.: 10719-0001
ePub: ISBN: 978-3-648-08067-2   Bestell-Nr.: 10719-0100
ePDF: ISBN: 978-3-648-08068-9   Bestell-Nr.: 10719-0150

Barbara Seidl
NLP im Berufsalltag – Die besten Tools
1. Auflage 2016, Freiburg

© 2016, Haufe-Lexware GmbH & Co. KG, Munzinger Straße 9, 79111 Freiburg
Redaktionsanschrift: Fraunhoferstraße 5, 82152 Planegg/München
Telefon: (089) 895 17-0
Telefax: (089) 895 17-290
Internet: www.haufe.de
E-Mail: online@haufe.de
Redaktion: Jürgen Fischer
Redaktionsassistenz: Christine Rüber

Konzeption und Realisation: Nicole Jähnichen, www.textundwerk.de
Lektorat: Sylvia Rein, www.reinundkunow.de
Satz und Druck: Beltz Bad Langensalza GmbH, Bad Langensalza
Umschlag: Kienle gestaltet, Stuttgart

Alle Angaben/Daten nach bestem Wissen, jedoch ohne Gewähr für Vollständigkeit
und Richtigkeit.

Alle Rechte, auch die des auszugsweisen Nachdrucks, der fotomechanischen
Wiedergabe (einschließlich Mikrokopie) sowie der Auswertung durch Datenbanken
oder ähnliche Einrichtungen, vorbehalten.

Die Autorin

Barbara Seidl

ist Wirtschaftspädagogin und lebt in München. Sie arbeitet seit vielen Jahren als freiberufliche Personalentwicklerin, Coach und Mediatorin. Sie berät und unterstützt Führungskräfte und die Inhaber von kleinen und mittleren Unternehmen in Fragen rund um die Themen Mitarbeiterqualifizierung, Personalführung, Kommunikation und konstruktive Lösung von Konflikten. Sie ist nach den Richtlinien des DVNLP zertifizierter und ausgebildeter NLP-Master und NLP-Coach. Mehr zur Autorin: www.barbara-seidl.de

Weitere Literatur

»Selbstcoaching«, von Ella Gabriele Amann, 128 Seiten, EUR 7,95, ISBN 978-3-648-08069-6, Bestell-Nr. 10718

»Coaching und seine Wurzeln«, von Karsten Drath, 589 Seiten, EUR 59,00, ISBN 978-3-648-03108-7, Bestell-Nr.: 01338

Wissen to go!

TaschenGuides.
Schneller schlauer.

Kompetent, praktisch und unschlagbar günstig.
Mit den TaschenGuides erhalten Sie
kompaktes Wissen, das Sie überall begleitet –
im Beruf und im Alltag.

Mehr Informationen zu den TaschenGuides
finden Sie auf www.taschenguide.de
und auf www.facebook.com/Erfolgreich

Jetzt bestellen!
www.haufe.de/shop (Bestellung versandkostenfrei)
oder in Ihrer Buchhandlung